A CRASH COURSE

极简数学

52堂通识速成课

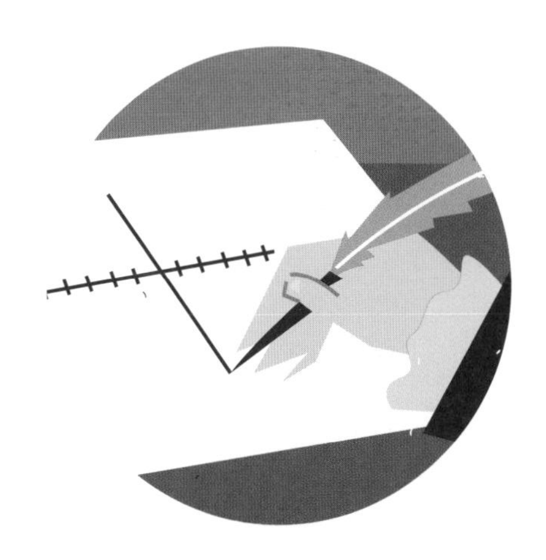

A CRASH
COURSE

极简数学

52堂通识速成课

[英] 布里安·克莱格　[英] 皮特·莫里斯　编著

解永宏　译

辽宁科学技术出版社
沈　阳

图书在版编目（CIP）数据

极简数学：52堂通识速成课 /（英）布里安 · 克莱格，（英）皮特 · 莫里斯编著；解永宏译. —沈阳：辽宁科学技术出版社，2021.10

ISBN 978-7-5591-1855-4

Ⅰ. ①极… Ⅱ. ①布… ②皮… ③解… Ⅲ. ①数学—普及读物 Ⅳ. ①O1-49

中国版本图书馆CIP数据核字（2020）第200852号

出版发行：辽宁科学技术出版社
（地址：沈阳市和平区十一纬路25号 邮编：110003）
印 刷 者：上海利丰雅高印刷有限公司
经 销 者：各地新华书店
幅面尺寸：180mm × 230mm
印　　张：10
字　　数：200千字
出版时间：2021年10月第1版
印刷时间：2021年10月第1次印刷
责任编辑：闻　通　张雪娇
封面设计：李　彤
版式设计：颖　溢
责任校对：徐　跃

书　　号：ISBN 978-7-5591-1855-4
定　　价：65.00 元

联系电话：024-23284740
邮购热线：024-23284502

序言

数学的萌芽早于人类语言文字的产生，也早于有记载以来的历史，因而数学诞生于何时无法考证。很可能早在20万年前的智人时期，现代人的祖先就已经具备了简单的数学能力，可以识别单个或两个物体在数量上存在差异。之所以如此判断，是因为有关实验已经证实狗也具备同样的认知能力。研究人员在狗食碗中放置一样食物，使用特殊手法造成狗的错觉，使其误以为在碗里先后放置了两次食物。实验中，狗明显地表现出两次特有的反射动作。人类似乎很久以前就具备了这种对数字的直观感知力。但随着人类占有私产、物物交换和建造房屋等行为的逐步出现，人们才对数学的更加具体化产生了进一步需求。促进数学应运而生的主要因素可能是源自人类早期城市的形成和文字的发展，毕竟没有文字符号，就不会产生真正意义上的数学。

早期的数学

目前，关于数学有迹可循的最古老记录来自6000多年前的乌鲁克城邦，即今天的伊拉克。乌鲁克当时处于整个苏美尔文明的中心，大量人口的集聚，对食品以及其他交换物品的记录就显得非常重要。同时，随着建筑变得越来越复杂，测量技术也变得不可或缺。然而，乌鲁克人当时还未能建立起抽象数字概念与具体物品之间明确的对应关系。今天，我们认为“4”是一个数字，无论是《启示录》中的“四勇士”，还是狗有四条腿，我们可以一律用数字“4”去描述任何具备这一数量特征的事物。但在乌鲁克，居民们认为有的物品很特殊，与其他物品不同，需要用专门的计数方法，所以他们在处理活的动物和干鱼时用一种计数方法，而处理奶酪、谷物和鲜鱼时则用另外一种计数方法。

随着人类文明的演进，新的数学概念不断从现实中抽象出来，特别是在希腊、印度和中国这些国家。在此之后，这些复杂的数学表达形式逐步从阿拉伯语国家传播到欧洲，最终传播到美国。只有从生活中的应用回到对数学本身的思考，现代意义上的数学才有可能得以产生。苏美尔人认识到，直角三角形在测量土地时非常有用，如果它的两条短边的比为3∶4，则长边的长度即为5个单位。这是他们观察所得，至于证明这一比例对任何直角三角形都成立，则是很久之后的事情了。

构建数学工具

在很多实际应用方面，我们今天使用的大量数学知识大多形成于2000多年以前。例如，在解决生活中的基本问题时，没人会用到拓扑学。但从16世纪开始，数学的应用开始蓬勃发展，它不仅在现实生活中广泛发挥作用，同时也被应用到如概率论这样的方向，即关于偶然性的数学，这改变了我们认识未知的能力。

早期数学家只能处理那些有明确运行规则的未来事件，比如说在确定的利率条件下，他们可以精确计算出一年后你的银行账户上有多少钱（在本金不变动的情况下）。这些都是人为设定的规则或条件，但现实世界充满了不确定性。正如美国前国防部长唐纳德·拉姆斯菲尔德所言，既有已知的未知，也有未知的未知。后来，人们发现概率论是处理已知和未知的理想机制。当我们掷一枚硬币的时候，不知道结果是正面还是反面，但是我们知道，如果使用的是一个均匀的硬币，有50%的机会是正面，50%的机会是反面。

有时候，现实生活中的应用需求往往会打开一个全新的数学研究领域。17世纪，艾萨克·牛顿和戈特弗里德·威廉·莱布尼茨发明了现在统称为"微积分"的技术，用以解决实际问题，例如，计算加速运动物体所行驶的距离。然而，多数情况下，数学家通常只是沉浸在个人的纯粹数学世界里乐此不疲，而不考虑任何实用问题。但令人惊奇的是，这些表面上看似毫无实际意义的纯理论工作，后来常常会得到非常重大的实际应用。

所有看似“怪异”的数学，最终都被证实是有实用价值的。“虚数”（–1的平方根）在其实际应用之前很早就发明了，16世纪的意大利数学家吉罗拉莫·卡尔达诺评论虚数“玄妙而无用”。然而到了19世纪，虚数就被物理学家和务实的电气工程师们广泛应用起来，时至今日依然如此。

另一个例子是关于数学在计算史上是如何发挥重要作用的。最初，“computers”这个词是用来指人的，即20世纪40年代以前，那些用铅笔和纸专门从事手工计算的人。几百年来，人们已经意识到用机器去代替人类手工计算是一件大有裨益的事情，并在机械计算方面做过一些早期的尝试。20世纪40年代，电子计算机的诞生把相关数学理论的应用提升到了一个全新的高度。

数学与数字时代

电子基础设施能够发展成为当今世界的核心基础设施，离不开数学上的三次巨大飞跃。第一次是二进制的应用，即数学的处理对象由0到9，简化为0和1。当然，人类可以一直沿用十进制去处理数字问题，但对某些极端情况，人们会觉得相当枯燥乏味，然而对计算机来说就不存在这个问题，计算机总是可以保持一种非常稳定和良好的状态。我们可以使用物理器件简单地来表征0和1，例如有开和关两种状态的开关、带电或不带电的装置，诸如此类的电子器件可以很容易地表示0/1状态。

第二次飞跃是与计算机紧密相关的数理逻辑的发展。0和1同样可以用来表示数理逻辑中的真或假。逻辑处理的数学方法诞生于19世纪，计算机内部的基础结构本质上是一些逻辑部件，它们将大量的非常简单的逻辑“门”连接在一起。所谓“门”，实际上就是用于逻辑组合或转换0、1状态的一种硬件机制。

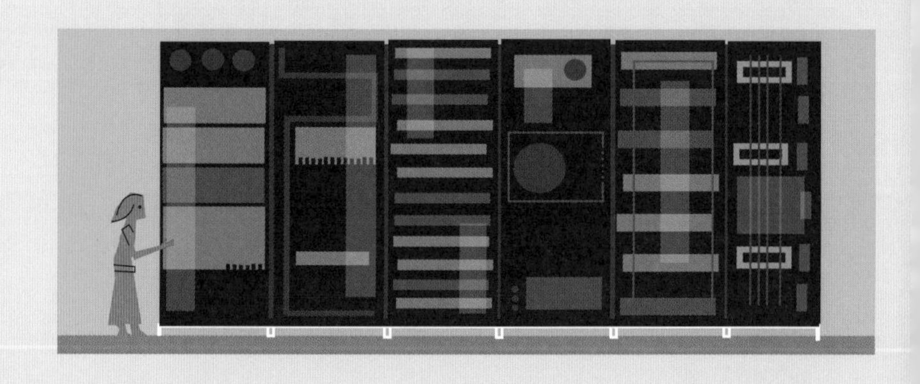

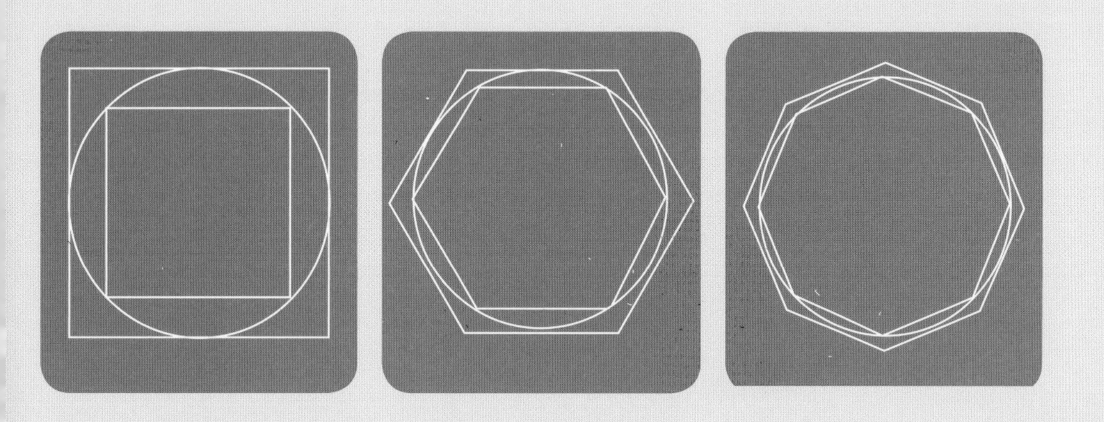

最后一次数学上的飞跃是电子器件从真空管发展到固体器件（如晶体管）。发明制造固体器件的关键是要理解其中涉及的量子物理学机理，这是一种以微观粒子为研究对象的物理学，例如研究构成物质的基本粒子。量子物理学像大多数现代物理学的方向一样跟数学紧密相关。设计固体器件需要掌握高等数学工具，而概率思想本身就是理解量子物理学的一个基本视角。没有对数学的深刻理解，现代计算机就不会诞生。

数学的高效性

数学背上“难懂”的名声，这是一个多少有些令人沮丧的结果，部分原因是大多数人根本没有掌握这门“语言”。对数学家来说，方程是一种简捷有效的方法，它可以处理一些用自然语言很难表达清楚的关系，但对我们大多数人来说，光是瞥一眼那些复杂的*X*、*Y*符号就足够让人望而生畏了。

物理学家尤金·维格纳在探讨数学的论文《令人费解的高效性》中讲述了一个故事：两位同窗好友毕业之后首次重逢，其中一位从事数学工作的与另一位谈论一篇他的关于人口变化的论文，这位数学家试图解释这篇几乎不包含多少英文单词的论文中充斥的那些奇怪符号所代表的意思。另一位朋友则一头雾水，实在不明白这样一堆歪歪扭扭的东西怎么能和现实世界中的人口联系起来。数学家继续动之以情，晓之以理，他指了指方程式中的π，“这个是π，你知道吗？也就是圆的周长与直径的比值。”朋友摇摇头，“我知道了，你是在逗我玩吧！圆的周长和人口有什么关系？”

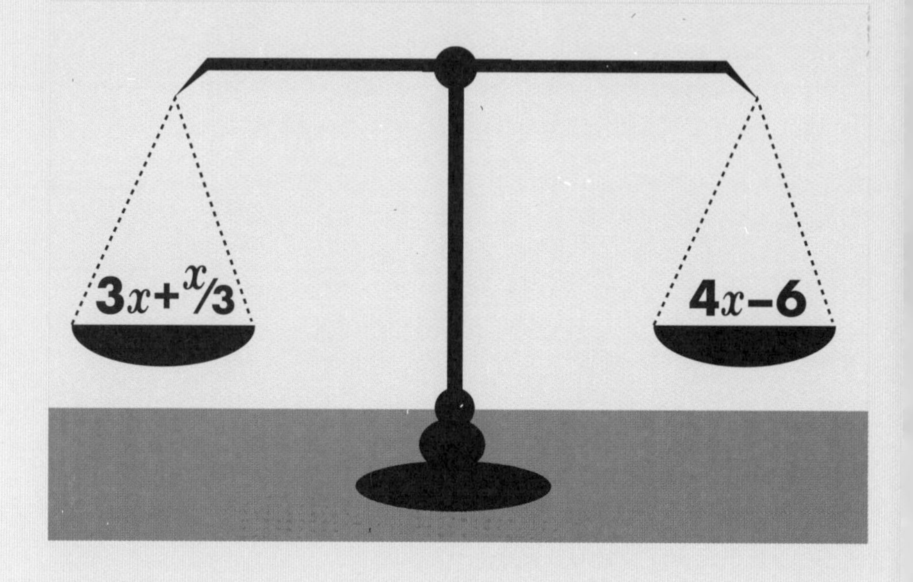

本质上，数学是一门在自己的世界里运转的抽象学科，虽然它可能始于数字和物质世界之间的一一对应，但是像负数、无理数（如2的平方根）这样很难和现实物体对应起来的概念出现后，数学很快走上了自己发展的快车道。所谓无理数，是指那些不能表示成两个整数之比形式的数，这的确很难直接与我们理解的现实联系起来。

在数学中，任何规则都可以提前设定，只要它们是前后自洽的。例如，数学家可以设定1+1=3或者存在27319维空间。然而，正如维格纳所言，一边是可任意设定规则的数学，一边是我们无法操控和设定规则的现实世界，但数学却可以在指导现实世界中发挥极大的作用，数学的这种力量显然令人费解。

对于现代科技驱动的世界来说，数学的重要性如何强调都不为过。当我们日常买东西或办理银行业务时，情况显然是这样的，但数学的重要性远不止如此。物理学是大多数技术科学的基础支撑理论，进入19世纪，物理学开始全面依赖于数学。时至今日，物理学已经几乎与纯数学无法区分。而且，大家能够看到，信息和计算机技术作为现代经济和日常生活的核心技术手段，全然是由数学驱动的。我们表面看到的是计算机或手机实物，但其内部实际上是数字技术操控及其逻辑运算。生活在数字世界里，也就意味着生活在数学世界里。

数学面临的最大问题是学校讲授数学的方式。正常状态应该是，学生首先需要掌握诸如算账、测量等日常生活必需的数学知识，如果将来从事科技或工程工作，相关人员可以进一步深化学习所需的相关数学知识。但对于绝大多数人来说，情况并非如此，人们普遍认为掌握了基本知识后，再学习高等数学就是在浪费时间。如果就数学是什么以及数学能做什么先给出一个全景式的概貌，而不是急于陷入诸如方程组求解、几何定理证明这样的细节，那将会有更多的人理解数学的真谛，这也正是本书的初衷。

本书分为4个部分，每个部分收录13篇短文（主题），围绕数学主题阐述来龙去脉。如果按照一周阅读一篇短文的节奏，整本读完正好是一年。当然，读者可以根据自身情况安排进度。不管如何阅读，对于读者来说，书中所包含的主题多少还是有些挑战性的，但笔者在写作过程中尽量做到深入浅出。现在，让我们从第1部分开始吧……

如何使用本书

本书把整个数学体系分为易于处理的52个主题，可供读者泛读或精读。全书分为4个部分，每个部分收录13个主题，每个部分开篇的引言部分概述了可能涉及的关键概念，接下来是一些里程碑式事件的时间线，然后是涉及的重要数学家的人物小传。

每个主题文章都由3段组成。第一段“主要概念”，给出相关主题的一般理论概述。

三角学

主要概念 | 研究三角形角度与边长之间的关系是几何学的一种自然延伸，该研究方向称为“三角学”，表示“三角形测量”。考虑直角三角形中的一个角，该角的“正弦”为该角对边与斜边（最长边）的比率，该角的“余弦”类似，是其邻边与斜边的比率，该角的“正切”是其对边与邻边的比率（读者可能对“SOH CAH TOA”记忆方法比较熟悉）。这些简单的“函数”在测量、导航（例如，六分仪）和天文学中非常有用。三角学可用于三角测量，即通过测量已知两点与待测点之间的夹角来确定待测点的位置。这项技术对精确绘制地图具有变革性意义。但三角函数的三角形定义形式有其局限性，因为它能处理的角度最多为90°。扩展的定义是将三角形置于一个圆内，斜边是半径，且可以沿圆周扫掠。三角函数的值会周期性地波动。这种方法产生了另一种角度单位，即“弧度”。当在球体上而不是圆上考虑问题时，三角学就被拓展到了平面之外的情形。

知识延伸 | 使用圆周形式定义三角函数时，可以将角度与三角形斜边绕圆周扫掠的长度关联起来。考虑半径为1的圆周，即周长为2π，所以，环绕360°即2π弧度。弧度是角度的一个新的测量单位。当把三角学与微积分相结合时，这种方法非常有用，因为使用弧度测量的结果往往更为简洁。与[illegible]角度相比，它更多的是数学意义上一个更为严谨的度量单位。弧度是目前角度测量的标准科学单位。

逸闻趣事 | 在许多国家，人们用于[illegible]的混凝土柱来标定某个地形中的高点位置，柱子顶部通常配有金属板，在美国被称为“三角测量点”，在英国被称为“三角点”，这些点用来安装经纬仪，这是一种用于三角测量的光学仪器。GPS卫星导航系统启用后，这些三角点就随之过时了。

第二段“知识延伸”，对主题概念作进一步探讨，或者针对主题概念的某一方面详细展开，从其他角度加深对主题的理解。

第三段“逸闻趣事”，一般是与主题相关领域中的关键人物提出的主流观念相反的或其他替代性观点，或者是原初理论提出之后发生的重要事件。

"数学试图构建人类思维的秩序和简洁。"

——爱德华·特勒

《追求至简》（1981）

第1部分

算术和数字

引言

计数可能源于人类使用手指，这是由于无论我们熟知的“一位一数”的十进制（因此，数字的英文单词“digit”，同时在解剖学中表示“拇指”的意思），还是苏美尔文明和古巴比伦文明曾经出现的“六十进制”，都与手指相关。十进制满10向前进一位（每个数位上只能使用0~9），六十进制满60向前进一位（每个数位上只能使用0~59）。用两只手来数到60似乎是一件比较困难的事情，但有人猜测，这是通过一只手的拇指依次触及这只手其他手指12个关节，计数满12时就用另一只手的手指记录一次，共计5次60个数。（当然，理论上同样的方法可用手指来表示出一百四十四进制，即利用左右手都各自计数12次，很庆幸古人没想到这一点。）

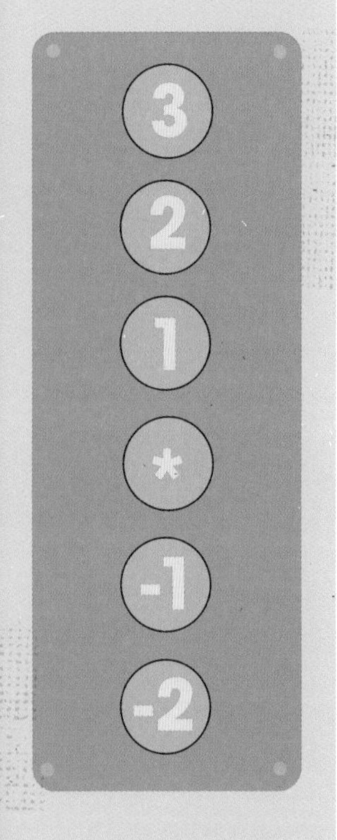

数字的诞生

很快，人们使用刻在骨头、木头上的记号或用石头的组合来代替手指计数，这些标记物最终演化成强大的早期计算工具，即算盘。推动计数向算术发展的关键一步是用符号和文字来代替手指或其他计数手段。最初，这样做的目的可能出于便利，因为用嘴来表达“5”，总比用伸出一只手的五个指头要简单得多。随着文字和书写的产生，数字开始变得至关重要。

数字一旦被认为是计数最理想的工具，便有了自己独特的地位。数有奇偶之分，偶数可以分为两个相同的数字之和，奇数则不能如此分割。我们将在第2部分中看到，早期的数学家对形状非常感兴趣，因为形状对土地分割和建筑设计至关重要。他们还注意到一些数字似乎与形状相关联，例如6被认为是一个三角形的数字，设想依次按照数量1、2、3排列的三行鹅卵石，这显然是一个三角形。与此类似，其他一些数字为正方形，例如4、9和16。

数字的应用

随着数字被赋予名称和符号，人们处理数字的方法也在不断简化，从而使数字间的组合和相互运算就像处理实物对象一样。有时，一些数学发现并不是为了解决实际问题，仅仅是为了好玩，例如，古希腊毕达哥拉斯学派发现的“亲和数”。

要明白何为“亲和数”，需要先了解另外一个概念，即整数的因数。一个整数的因数是指能够整除这个数的整数，例如12的有效因数分别是1、2、3、4、6，而5不是12的因数，因为12除以5结果不是整数，同时超过6的整数也不可能是12的因数，因为对应的商必小于2（严格讲，一个数本身也是这个数的一个因数，只不过这种情况被认为是“平凡的”）。

一对“亲和数”是指一个数的因数之和恰好等于另外一个数，反之亦然。最著名的例子是220和284，220的因数之和为284（1+2+4+5+10+11+20+22+44+55+110=284），284的因数之和为220（1+2+4+71+142=220）。

我们了解了因数的概念后，来看另外一些“奇怪”的数字——素数，即一个素数的因数只有1和它本身。素数在高等数学的发展过程中，被反复证明是极其重要的，即便是今天，人们也仍然无法预测素数的分布规律。随着时间的流逝，人们不断发现了其他一些有趣的数字。整数除法自然包含着比率的概念，但似乎还存在不能表示为整数比率或分数形式的非整数，即所谓的无理数，其中π是最著名的例子。数字性质的每一次拓展，其力量似乎就会随之变得更为强大，曾经仅仅是用来检查东西是否丢失的手段，最终演变成了一个由数字及其运算构成的平行世界，并在自己的世界里开启狂野之旅。数学由此开始腾飞。

时间线

计数棒

莱邦博骨是一种经过雕刻的狒狒腿骨，这基本上是最古老的计数棒，它上面有29个缺口。发掘于与南非和斯威士兰接壤的莱邦博山脉，有人甚至把它追溯到公元前4.1万年。

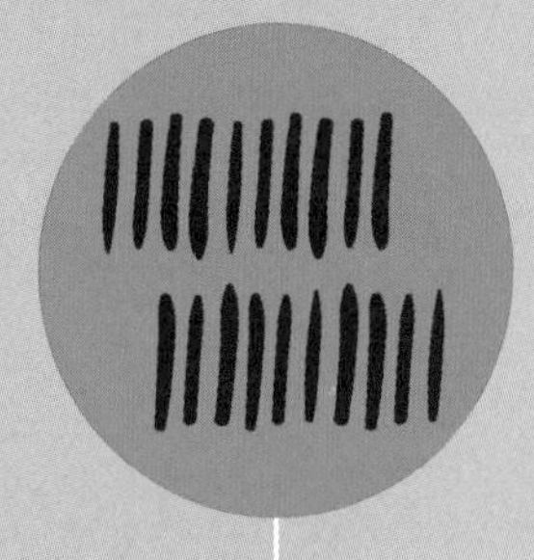

约公元前
3000年

苏美尔计数系统

苏美尔计数系统产生之后，由巴比伦人继承并不断发展。苏美尔计数系统为六十进制，而不是现在熟知的十进制，其中每个数位代表60的倍数。时至今日，我们仍然沿用六十进制来度量时间。

约公元前
530年

毕达哥拉斯学派

毕达哥拉斯学派诞生于意大利南部的克罗托内，他们迷恋整数，认为整个宇宙都以整数及其比例为基础，把数字从朴素的计数机制转变为一个独立的概念，使数字自成运算体系。

约公元前
200年

二进制数

印度数学家平阿拉率先提到了二进制或以二为基底，他还提到了杨辉三角形（从顶部由3个“1”排列构成的数字三角开始，下面一行中的每个数字都是上方两个数字的和）和斐波那契数列，这些解释了梵文著作中出现的计数方法。

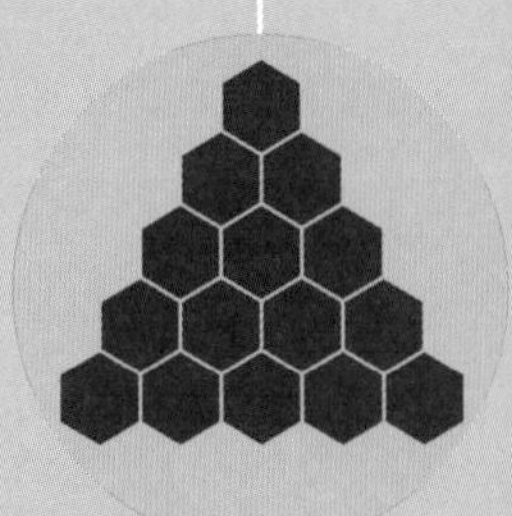

628年

真正意义上的“0”

印度数学家布拉马古普塔首次使用了真正意义上的0（即一个数减去它本身后所得）。零被用作进位计数系统中的占位符可追溯到巴比伦人，他们约在布拉马古普塔做这项工作1200年前就开始使用\\来表示缺项的位数。

1202年

新的数字系统

斐波那契（这个名字其实是一个绰号，意为“博纳奇的儿子”）完成《计算之书》，将0和印度/阿拉伯数字引入欧洲。新的数字表示系统起初并不为人们所接受，其中一个原因是“0”可被涂改为“6”或“9”，这样就可以篡改账目。

1545年

负数

吉罗拉莫·卡尔达诺的《大术》出版。他率先明确了负数的运算规则，并考虑（非严格地讲）负数平方根的含义，即我们现在熟知的虚数。

1614年

对数

约翰·内皮尔出版《关于奇妙对数表说明》，书中通过利用对数，把指数的乘除法简化为加减法。在机械和电子计算设备广泛应用之前，内皮尔的对数表一直是对数运算的标准工具。

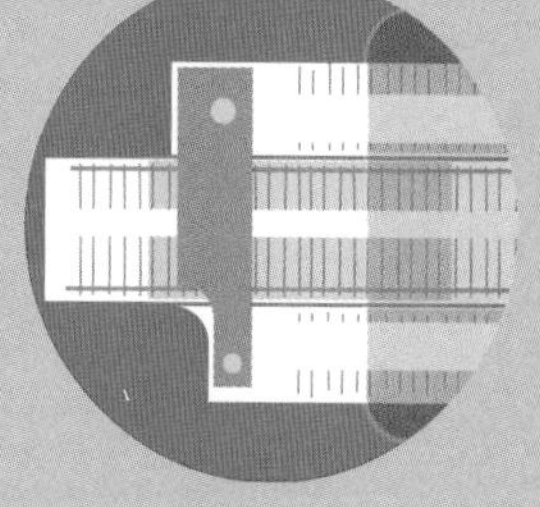

人物小传

毕达哥拉斯（约公元前570—前495）

对大多数人来说，提到古希腊哲学家毕达哥拉斯，通常会想到与他相关的毕达哥拉斯定理。但实际上，毕达哥拉斯并不是发现这一事实的第一人。我们很难考证他的详细生平，也很难把他的研究工作同他创建的整个学派所做的工作区分开来。毕达哥拉斯出生在萨摩斯岛，40岁左右在意大利南部的克罗托内创办了一所学校。毕达哥拉斯学派认为数是宇宙万物的本源，据说学校的门楣上刻着“万物皆数”几个字。计数可能起源于与实物紧密相关的日常交易，毕达哥拉斯学派将数字抽象为理想的对象。无疑，正是他们使数学脱离了与现实的直接联系，使其更加独立。整数被赋予特殊的属性，从浩瀚星空到妙曼音符，世间万物包罗的数理都是他们研究的对象。传说，希帕索斯——毕达哥拉斯的追随者之一，在扬言要向世人泄露2的平方根不可能表示为两个整数之比这个秘密之后不久便溺水身亡了。

吉罗拉莫·卡尔达诺（1501—1576）

意大利数学家吉罗拉莫·卡尔达诺（通常他的法语名字“热罗姆·卡丹”更为人们熟知）出生于帕维亚，在帕维亚大学学习医学后，在萨科隆戈镇从事医学工作（未取得行医执照），之后迁往米兰，在那里继续从医，同时还教授数学。卡尔达诺扩展了数字概念的范围，研究负数甚至触及虚数。他还是最早正式开展概率论基础研究的学者之一，其著作《论赌博游戏》直到他死后很久才得以出版，当时似乎凡是与赌博关联太甚的东西都被认为不宜公开发表。尽管姗姗来迟，但这本书最终还是开启了概率论研究的先河。卡尔达诺后来移居博洛尼亚，1570年被逮捕。数月之后，他被释放并移居罗马。与在博洛尼亚的境遇截然不同，他在罗马获得了教皇为他提供的一笔养老金。卡尔达诺在此度过了余生，一直从事与医学和哲学写作相关的工作。

卡尔·弗里德里希·高斯

（1777—1855）

数学和物理学领域之外的人们也许对德国数学家卡尔·弗里德里希·高斯这个名字并不熟悉，但他的确是19世纪以前最伟大的数学家之一。高斯出生于不伦瑞克的一个贫困家庭，从小就展现出数学方面的才能。据说他8岁时，在很短的时间内就能计算出自然数列1到100之和（他意识到该数列实际上是50对101），他的老师也对此惊奇不已。到高斯上大学的时候，不伦瑞克公爵肯定了高斯的数学能力并给予他资助，此时的他已经开始开辟数学的新天地了。当时，他随意地从事了一份语言学方面的工作，但是提出新证明、探索新发现的魅力吸引着他最终倾心数学。本书的每一部分都融入了高斯对数学的贡献，本部分中涉及他在数论方面的贡献，特别是同余算术。他还是第一个思考非欧几里得几何和拓扑学的人。他证明了“代数基本定理”，并将数学应用到天文学、光学和磁学研究领域之中。

乔治·弗里德里希·伯纳德·黎曼

（1826—1866）

尽管德国数学家乔治·弗里德里希·伯纳德·黎曼在数学上建树甚广，但却因他自己未证明的假设而被人们所铭记。黎曼在哥廷根大学学习神学，但此时的他在数学方面已经展现出蓬勃的活力，后来他转到了以数学为主导的柏林大学。他早期的一个成果是黎曼几何，即将微积分应用于平滑的多维曲面（爱因斯坦在创立他的杰作广义相对论时，就很难理解这种与时空曲率有关的复杂数学）。黎曼对完善微积分和傅里叶级数理论中的一些细节也做出过贡献。但正是基于素数计数函数方面的工作（即估计某个范围之内素数的个数），他提出了黎曼假设。这是一个关于素数分布的复杂数学猜想，如果证实，即可随之导出数论中一批相关问题的证明。黎曼猜想是至今尚未解决的最重要的数学问题之一，有关机构曾为解决者开出了100万美元的奖金。

记账

主要概念 | 几乎可以肯定的是，记账是已知的最古老的数学应用，其目的是跟踪特定对象或记录发生的事情。古人记账，例如，是在一块木头、石头或骨头上做一个标记，对应关注的物品或事件。最早的计数方法可能是用手指，或者用一些简单的可以作为标记的东西，比如小棍或鹅卵石。然而，最主要的问题是这些东西都是临时性的，只要你的手挪作他用，或者拿走这些计数标记，对应记录就丢失了。通过将账目雕刻在耐用材料上，就可以实现长期保存。后来，记账的方式通常是先将账目用笔写在黏土上，然后再把黏土烧制定型。账目可以用来记录比赛中的得分，或者记录某人拥有的牲畜或食物的数量。账目对记录交换过程极为有用，当物品借给别人或用来交换其他商品或服务时，可以相应地增加或删去账目中对应的条目。所有这些计数行为都可以在不引入数字概念的情况下实现。

知识延伸 | 早期记账的人们不太可能想到，账目的概念可以用现代数学家所称的集合论（见p.106）来表达。如果通过将一个集合中的物品与另一个集合中的物品逐项对应，直到所有物品都完成配对，那么我们知道这两个集合一定具有相同数量的物品。例如，想象一个集合是指南针的东南西北四个方向，一个集合是春夏秋冬四个季节，你可以把北方和春天配对，东方和夏天配对，南方和秋天配对，西方和冬天配对。任何情况下，只要两个集合中所有的物品建立起对应关系，尽管不知道每个集合中物品的数量，但我们却能知道两者包含物品的数量是相同的。

逸闻趣事 | 虽然用手指或鹅卵石计数在历史上存在的时间很短，但迄今已经发掘出的一些非常古老的标记物，几乎可以肯定它们是用来计数的工具。莱邦博骨（见p.16）是已知最古老的计数骨头。一个更加确定的例子是约公元前2万年的伊桑戈骨，它具有更复杂的缺口分组。

数字
p.22。
四则运算；负数
p.26。
计算器
p.130。

数字

主要概念 | 发明之初的数字实际上是一种实用的速记法。在口头交流中，用一个词来表达“5”比“这是一袋玉米，一袋玉米，一袋玉米，一袋玉米，一袋玉米”要简便得多。一旦使用书面记录方式，数字使记账行为变得更为简洁，这使得人们能够及时跟踪记录一系列数字随时间变化的情况。表示数字的方法产生于原始的计数标记（见p.20），许多数字体系仍然沿用I来表示1，此即人类对1最早的标记方法。然而，原始计数标记使用不久就变得难以操作，于是世界各地相继引入新的符号，最原始的做法是罗马计数体系，它与人类的一双手关系密切，最初只引入了两个介于1和10之间的符号，V代表5（一只手），X代表10（两只手）。像原始计数标记一样，这些符号还没有进位制的含义。这方面，苏美尔人和巴比伦人走在罗马人的前面，他们使用了一个更为复杂的计数系统，在这个系统中，符号所处位置同时包含了数值大小的属性（见p.24），与我们今天使用的进位制一样。中国和印度文明也使用进位制，印度计数符号在用阿拉伯文翻译传播的过程中得到不断完善，如此奠定了我们现在所用计数系统的基础。

记账
p.20。
基底
p.24。
四则运算；负数
p.26。

知识延伸 | 按照规范的数学定义，数字对应于某些项的集合。数字0定义为空集，数字1定义为包含空集的集合——{空集}，即该集合中仅有空集一项；数字2定义为包含之前集合的集合——即{空集、{空集}}，以此类推。我们可以将实物与集合中的项进行匹配并为其分别编号。因此，假设有若干苹果，并且可以将其中一个苹果与代表2的集合（即{空集、{空集}}）的第一项配对，将下一个苹果与代表2的集合的下一项配对，且配对完成后没有剩余的苹果，表示2的集合也没有剩余的项，则我们说有2个苹果。

逸闻趣事 | 意大利数学家斐波那契的著作中指出，“阿拉伯”数字于13世纪传入欧洲，但实际可能比这更早。叙利亚塞维鲁主教早在公元前662年就提到，印度人具有非凡的计算能力，并且擅长天文学，他用“无法言表”来形容印度人的计算方法，还提到了“这种计算是借助9个符号完成的”（此时0尚未广泛使用）。

基底

主要概念 | 现代数字使用以10为基底的进位系统（即数字所在的位置包含特定含义）。例如，我们写出数字6923，每个数字所在的位置表示该位置上的数字应乘10的某个倍数。这个例子里，3要乘1（或10^0），2要乘10（或10^1），9要乘100（或10^2），6要乘1000（或10^3）。以10为基底是很自然的选择，因为这正好与我们的十个手指对应，但这不是唯一的选择。古代苏美尔人和巴比伦人使用的基底为60（如图所示）。在此进位系统中，最右边位置上的数为0～59，右数第二位置上的数要乘60，右数第三位置上的数要乘3600，以此类推。如今日常使用60基底的情况只有分、秒计时系统。我们广泛应用的还有二进制或基底2。对计算机来说，借助电路带电状态的变换（表示为0或1），在逻辑上和物理上都可以很容易地实现对二进制的处理，逻辑值真或假可以通过将1视为真、0视为假来处理。二进制通常会转换为其他基底供人们使用，如程序员经常使用基底16（十六进制），和现在很少使用的基底8（八进制），原因下文会提到。这里还有一则关于程序员的笑话：为什么程序员总是弄混万圣节和圣诞节？因为OCT 31（八进制简称为OCT，10月的英文也简称为OCT）等于DEC 25（十进制简称为DEC，12月的英文也简称为DEC）！

1	11	21	31	41	51
2	12	22	32	42	52
3	13	23	33	43	53
4	14	24	34	44	54
5	15	25	35	45	55
6	16	26	36	46	56
7	17	27	37	47	57
8	18	28	38	48	58
9	19	29	39	49	59
10	20	30	40	50	

知识延伸 | 计算机使用的二进制数对普通人来说有些棘手（要弄清楚11111100010和2018是一回事还是需要一点时间的），因此程序员需要将二进制数转化成八进制或十六进制。现在已经过时的八进制系统以3个比特为一组，每位采用0～7八个数字，所以11111100010或11-111-100-010表示为3742。十六进制更为复杂，因为它需要16个数字，但我们的阿拉伯数字只有10个，所以增加了字母A到F，其中A是10，B是11，以此类推。因此，二进制数被分为含4个比特的块：11111100010或111-1110-0010表示为7E2。十六进制很常见，因为现代计算机处理数据时通常按16、32或64比特来分块，这些分块按4位划分要比按3位划分容易得多。

逸闻趣事 | 大多数数字系统的基底都是正整数，但这不是必需的。例如，使用−10为基底时，负数的表示无须使用“负号”。由于两个负数之积是正数，如$(-10)^2=+100$，而$(-10)^3=-1000$，则交替位置代表正值或负值。以−10为基底时，174等于1×100−7×10+4=34。

数字
p.22。
四则运算；负数
p.26。
幂、方根与对数
p.34。

四则运算；负数

主要概念 | 算术提供了数字运算的简单方法。即使是记账，也包含两个基本运算。例如，根据粮仓里存储或取出的粮食袋，相应地增加或删除账目上的标记。除法，也是一个自然的概念，特别是在平均分配食物的时候。乘法（除法的逆）虽然便利，但却是四种运算中最复杂的一种。尽管乘法在计算土地面积时很有用，但乘法最初可能是用来处理若干相同数的加法。除法还导出了分数的概念，即一个整数除以另一个整数所得。然而，并非所有介于两个相邻整数中间的数都可以表示为两个整数之商的形式，无理数（如2的平方根）只能在引入小数的概念后，用数值方法来表示。早期的算术对象为正整数，但从集合中移除元素的操作会产生相反的负值。假设我们最初有7个苹果，最终剩余2个，那么减少了5个苹果，实际应用中表示为–5，以区别于添加的苹果。这就产生了一个从负整数到正整数的连续数列，称为“数轴”。

知识延伸 | 由于数轴直到现代才开始在学校讲授，所以它经常被视为一个现代概念，但事实并非如此。例如，8世纪，由尊贵的贝德推广的公元纪年法（以基督诞生的时间为基准向前或向后追溯）就是一类数轴。加法和减法只需沿着一条顺次布满整数的假想直线，简单作上下移动即可，负数作为正数的镜像，与正数一起构建了一条完整的数轴。如果把数轴想象成一把尺子，整数则作为其刻度，分数则充斥于整数的间隙。

逸闻趣事 | 古希腊人曾与分数做过艰苦卓绝的“斗争”。他们认为分数是组成整数的一部分，并认为除2/3以外，所有分数都等价于1/n（如有必要，将多个1/n加在一起），其中n是一个整数，并专门用一个带标记的字母来表示分数，这给分数的运算增加了困难。

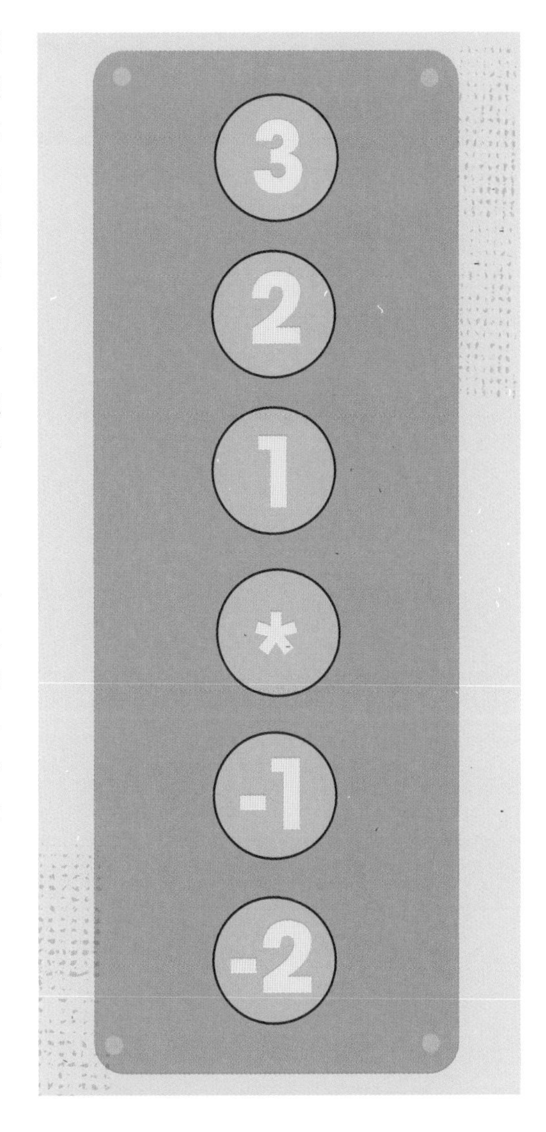

记账
p.20。
数字
p.22。
零
p.36。

素数

主要概念 | 不同的整数有各自的特点。偶数（能被2整除）和奇数（不能被2整除）就有明显的差异。数越大，这个数通常就会有因数，即可以整除这个大数的一些较小整数（因数不超过该数的二分之一，因为除去该数本身外，任何超过其二分之一的整数不可能整除该数）。但有些数除1和它本身之外，不能被任何数整除，这些数被称为素数。例如，2、3、5、7、11、13、17和 19，这些都是素数。而4、6、8、9、10、12、14、15、16、18、20则不是素数，因为它们可以被其他一些数整除。1符合素数定义，但一般我们不把它当成素数，因为这样会与“算术基本定理”产生矛盾，即“任何整数可以被唯一表示成若干素数的乘积”。例如，12可以表示为$2 \times 2 \times 3$。如果把1也列入素数，那么12的表示方法可以有$1 \times 2 \times 2 \times 3$，或$1 \times 1 \times 2 \times 3$，或$1 \times 1 \times 1 \times 2 \times 2 \times 3$，我们需要唯一表达的形式，所以1不列入素数。素数之所以有趣，是因为它们在整数序列中出现的位序规律让人难以琢磨，不像奇数和偶数出现的规律十分明确。素数中，2是唯一一个偶数，这是一个特例。一个不是素数的数，我们称之为“合数”，例如$20 = 2 \times 2 \times 5$。

0 1 2 3 4 5 6 7 8 9 10 11 12 13 14 15 16 17 18
19 20 21 22 23 24 25 26 27 28 29 30 31 32
33 34 35 36 37 38 39 40 41 42 43 44 45 46
47 48 49 50 51 52 53 54 55 56 57 58 59 60
61 62 63 64 65 66 67 68 69 70 71 72 73 74
75 76 77 78 79 80 81 82 83 84 85 86 87 88
89 90 91 92 93 94 95 96 97 98 99 100

知识延伸 | 随着数字的变大，素数出现的频率会越来越低。而2300多年前的古希腊数学家欧几里得通过简单的逻辑推理，证明了素数有无穷多个。他首先假设如果所有的素数是一个有限集合，并用N来表示这个集合中有限个素数的乘积，然后再考虑$N+1$，$N+1$要么是一个新的素数，要么可以分解为若干素数的乘积，且这些素数不在之前假设的那个有限集合中，因为有限集合中的素数去除$N+1$总会余1。因此，不论之前假设的有限集合有多大，总会得到至少一个新的不在这个有限集合之中的素数。

数字
p.22。
四则运算；负数
p.26。
无穷
p.94。

逸闻趣事 | 素数似乎只是那些数学迷的事，事实上，素数对保障互联网安全发挥着极其重要的作用。当我们需要建立一个安全可靠的通信连接时，需要将两个大素数相乘来产生相关的加密密钥。乘起来容易，但从乘积倒推出这两个大素数几乎是不可能的，这个几乎不可逆过程正是一些普遍应用的加密算法的核心之一。

公理与证明

主要概念 | 我们通常认为数学是一门非常规范化和结构化的学科，尽管早期的数学更讲究实用性，有点像厨师的菜谱。从实用经验来看，如果一些物品组合起来确实能够发挥作用，它们就会被一次次重复应用。在毕达哥拉斯定理被严格证明之前，巴比伦人以及其他一些早期文明已经总结出经验，直角三角形三条边的比例可以为3：4：5。这点在地块测量和建筑设计时非常有用。这种“菜谱式”的数学在应用1000多年后，古希腊人才给出毕达哥拉斯定理的规范证明。证明方法基于一套公理（公理是指不言而喻的事实）系统，系统中的论断显而易见，无须给出专门的证明，例如过两点可以作一条直线这样的论断。从公理系统出发，借助逻辑方法给出证明。在证明毕达哥拉斯定理的过程中，希腊人从简单观察到的比例3：4：5出发，推导出直角三角形斜边的平方等于其他两边的平方和。

知识延伸 | 我们介绍过一种证明方法，即数学家们从少数几条公理出发，推导出越来越复杂的定理，论证推导出的都是基于公理和一些简单定理之上的关系。然而，在古希腊时代，已经出现了其他类型的证明方法，如逻辑推理或反证法。在证明2的平方根不是有理数时，使用的就是反证法，证明中假设2的平方根是有理数，则2的平方根可以表示成两个整数商的形式，再由此推导出与事实矛盾的结论。

逸闻趣事 | 很多数学家不喜欢穷举证明法，即尝试并验证所有可能的情况。然而，四色定理的证明用的就是穷举法——即只需用4种颜色来标记地图，就可以使地图上任何相邻区域具有不同的颜色，定理的证明通过1936步（之后精简到1476步）计算机运算得以完成，这也是穷举法证明的第一个重要定理。

数字
p.22。
数理逻辑
p.44。
欧几里得几何
p.54。

数列

主要概念 | 数列是一列无穷多个有序排列的数，其中每一项都由前边的项按照一定运算规则产生。数列一般通过给出前几项和之后的省略号来表示无穷属性。许多数列具有无穷和，例如1，1，1，1，…；甚至1，1/2，1/3，1/4，…。而有些数列的和则是一个有限值，例如，无限数列1，1/2，1/4，1/8，…的和是2。无限数列可以有有限和，这是颇具挑战性的一个想法，古希腊哲学家芝诺用阿喀琉斯和乌龟的故事来说明这一点：阿喀琉斯跑得比乌龟快，所以让乌龟先跑，阿喀琉斯很快就跑到乌龟的起跑点，但此时乌龟已经离起跑点一段距离了（阿喀琉斯继续跑到乌龟此时所处的位置时，乌龟离这个位置又有了一段距离），这个过程将会不断重复下去。所以芝诺断言，阿喀琉斯永远追不到乌龟。但实际上，它们之间的距离就像数列1，1/2，1/4，1/8，…一样，是有一个有限和的，所以阿喀琉斯很快就会超过乌龟。并不是所有的数列结构都这么简单，数列的运算规则可以是变动的，例如，通过振荡模式产生的数列，比如1，2，0，2，−2，1，−5，…。在微积分的发展（见第3部分）和某些常数的计算中发挥了重要作用。

知识延伸 | 我们熟知的常数π，即圆的周长与直径的比值，其值的计算就是一个利用数列的例子。一般来说，计算中用到数列中的项越多，对π的近似值的计算就越精确，只不过不同数列，其和向π收敛的速度各不相同。例如，π的值可通过计算数列4/1, –4/3, 4/5, –4/7，…的和得到，π–3的值可以通过计算数列4/（2×3×4），–4/（4×5×6），4/（6×7×8），–4/（8×9×10），…的和得到。同时，π值还可以通过其他类型的数列来计算，运算也不局限于加法，也可以是乘法，例如π/2=（2/1）×（2/3）×（4/3）×（4/5）…。

数字
p.22。
π
p.58。
积分
p.100。

逸闻趣事 | 由于数列由无穷多项组成，数列求和就容易受到无限计算相关悖论的影响。例如，数列1，−1，1，−1，1，…求和时，如果按照（1−1）+(1−1）…方式引入括号，则数列之和为0。但如果按照1+（−1+1）+（−1+1）…方式引入括号，则数列之和为1。

幂、方根与对数

主要概念丨自乘（即“取幂”，自乘的次数称为“指数”）是数学中的一个基本概念。一个正整数的幂表示该数自乘若干次。例如3^2是 3×3，3^3是$3 \times 3 \times 3$。幂可以将乘法运算转换为加法。如果用3^4乘3^2，我们把指数相加即得3^6。3乘3^4得3^5，即指数增加1，这也说明了3^1就是3。同理，除法可以视为指数的减法，所以3^5除以3^2得3^3。但指数不限于正整数，3^1除以3^1得1，指数相减的话为3^0，由此可知，任何数的0次方为1。如果用3^1去除3^0，得3^{-1}，即1/3，所以3^{-1}可视为3^1的逆，其他负指数的情况与之类似。指数是分数时，此即所谓的“方根”。由于 $3^{1/2} \times 3^{1/2}$等于 $3^{1/2+1/2}$（即3^1），由此可知$3^{1/2}$是3的平方根。方根和幂在形式结构上是统一的，我们也可以类似地定义3次方根、4次方根。对数发明于17世纪，源于对幂运算指数加减法的观察，人们还制作了幂运算表来进一步简化乘法和除法。

知识延伸 | 在对数运算中（符号简称“log”），假设某数是一个给定数（即对数的“底”）的某次幂，那么这个幂次就称为该数关于这个底的对数。例如，100关于底10的对数为2，因为$100=10^2$。尽管10是我们容易想到的一个底数，但在科学中广泛应用的是自然对数（简称“ln”），即底为常数e，其值约为2.718。自然对数在计算随时间变化的量时非常方便。类似的，以2为底的对数运算对计算机运算非常重要，因为计算机采用二进制算术。

数字
p.22。
基底
p.24。
方程
p.88。

逸闻趣事 | 跟幂相关的最著名的要数费马大定理了，即当n大于2时，方程$x^n+y^n=z^n$不存在整数解。法国数学家皮埃尔·德·费马在1637年写道，他已经证明了这个定理。然而，如果他确实证明了这个定理，他就不会这么写了。1994年，英国数学家安德鲁·怀尔斯给出结论性证明（请参阅p.75）。

零

主要概念 | 可以说，人类关于 “一无所有”的认识，即“0”的发明是数学向前跨进的几件大事之一。早期的一些数轴（见p.26）直接从–1跨到1，两者中间没有任何数。像我们今天使用的公元纪年法，从公元前1世纪直接跳到公元1世纪。但用一个数来代表“一无所有”的想法，改变了之前的一切。0最初是作为占位符来使用的，苏美尔人和巴比伦人首先使用位置计数系统，数字在某些位置有的即表示该数本身，有的则表示该数要乘60（即60^1）或3600（即60^2）等（p.24），用不到的位置则留一个空位，例如63和3603分别表示y yyy和y yyy，只能通过判断符号中间所留空位的宽度大小来区分。人们后来发现，用一个专门符号来标记空位是个很好的想法，63用y\yyy表示，那么3603则用y\\yyy来表示，这类占位符出现后使用了几个世纪之久，但真正的巨大突破，是人们认识到0既能作为占位符，同时也适合“3–3=？”这个问题，0同时也成为数轴的原点。

数字
p.22。
四则运算；负数
p.26。
微分
p.98。

知识延伸 | 人们使用了一段时间才逐步将0的算术属性确定下来。对加法、减法和乘法的理解上比较一致，即加0和减0不产生任何实际作用，任何数乘0得0。但对于除法，则认识不一，除数越小，商应该越大。当除数小到接近0的时候，商就应该是无穷大。但是，当考虑0除以0时，情况就显得更奇怪一些，早期数学家认为结果应该是0，而不是无穷大，现在人们普遍认为0除以0本身就没有明确的数学意义，所以一般不作讨论（如果你在计算器上看到“NaN”符号，这代表结果“不是一个数字”）。

逸闻趣事 | 斐波那契在著作《计算之书》中把完整意义上的零同印度/阿拉伯数字一起引入西方。他将其称为“ zephirum”，这应该是对阿拉伯语单词“sifr”（也称为“cipher”，即特殊数字0，书写形似鸡蛋）的译文。一般认为，这个过程从印度传至阿拉伯，最终“zephirum”演变为“zero”。

斐波那契数列

主要概念 | 就像我们把整数分成奇数、偶数或素数等一样，还有一种正整数的分类，称为斐波那契数列。这个数列形如1，1，2，3，5，8，13，…。其中，每个数是序列中前两个数之和（序列也可以从0开始）。这个数列的名字来自“比萨的莱昂那多”，他是13世纪的数学家，更为人熟知的是斐波那契这个名字，他在《计算之书》（该书还将阿拉伯数字引入欧洲）中提到了这个数列。然而，这个数列早在1400年前的印度数学中就为人所知了。斐波那契证明了这个数列可以用来描述兔子繁殖数量的增长，但它在其他方面也有广泛的应用。兔子只是一个人为给定的例子，总体来看，自然界各种花的花瓣数量通常为斐波那契数列中的数。斐波那契数列中的数有时也反映在植物穗和树枝枝条的分布上，这些都是植物生长自然形成的结构。如果使用这些数字作为正方形的边长来产生一系列正方形，如图所示，我们就得到了螺旋线。如果用序列中的每个数去除前一个数，这个比率会逐渐接近 “黄金分割点比率”，其值约为1.618，这个比例在艺术和建筑设计中被认为是最令人愉悦的比例（尽管大家不知道其中的原因）。

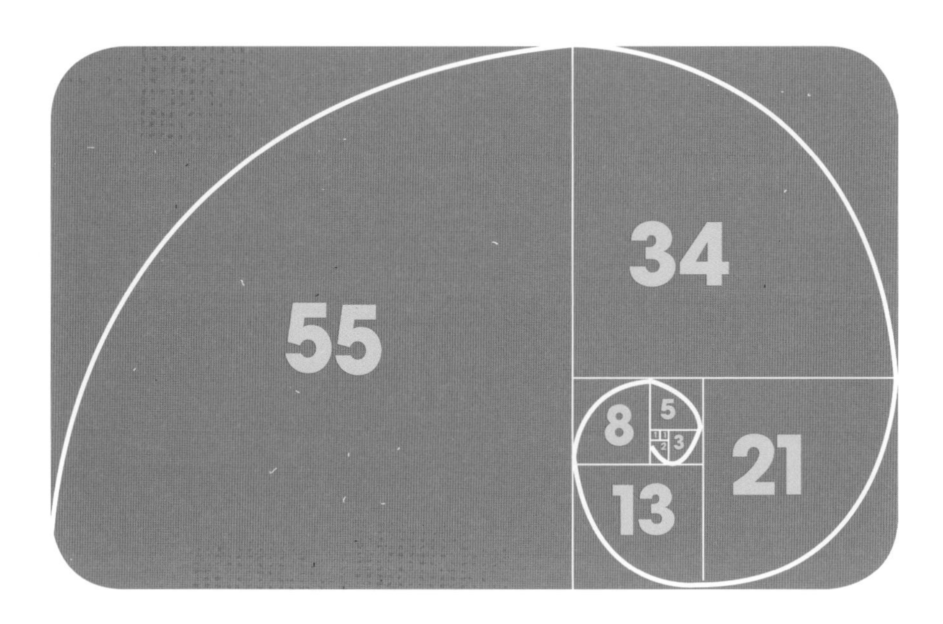

知识延伸 | 《计算之书》使用斐波那契数列来描述高度简化的兔子种群的繁殖数量，从最初的一对兔子开始繁殖，假设生产小兔需要1个月的时间，且每次产下一雄一雌，每只小兔生长1个月才具备繁殖能力。那么，1个月后只有一对兔子，2个月后有了第二对小兔，3个月后，最早的一对又产下一对新兔，4个月后，第一对和第二对同时产仔，以此类推，结果每个月兔子的对数分别是1，1，2，3，5，8，13，…。

逸闻趣事 | 斐波那契数列似乎是数论中一个已经被充分研究和相对简单的问题，但是数学家们对此不敢苟同。自1963年以来，人们成立了斐波那契协会，并组织出版了《斐波那契季刊》，专门研究斐波那契数列和相关的数学问题。时至今日，他们每期仍然持续刊发与斐波那契数列相关的内容。

数字
p.22。
四则运算；负数
p.26。
数列
p.32。

虚数

主要概念 | 关于负数，最有趣的特点之一是两个负数相乘结果得到一个正数。例如：$-2\times(-3)=6$。但什么情况下一个数乘它本身能得到一个负数呢？也即负数的平方根是什么？这个问题并没有合乎常理的答案，这是一个人们纯粹假想出来的概念，哲学家笛卡儿称之为“虚数”。定义-1的平方根为i，由此推出，任何负数的平方根都是i的倍数。例如，-4的平方根为$2i$（-2的平方根约为$1.41i$，-3的平方根约为$1.73i$）。就其本身而言，虚数可能是一个有趣的数学“异类”，没有任何实际意义。

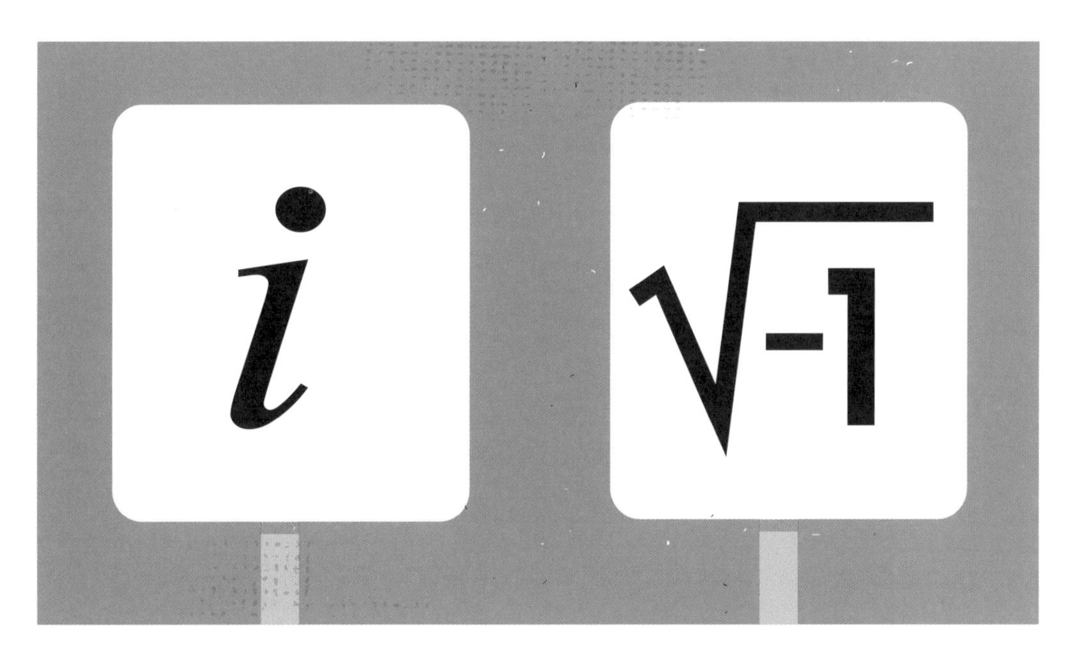

知识延伸 | 数轴的概念（见p.26）是将负数应用于平面坐标的关键。我们假设有一对数轴，水平轴表示实数，以0为中心，左边是负数，右边是正数；同时用垂直轴来表示虚数，也以0为中心，0上方是正虚数，0下方是负虚数。按这种表示方法，点$3+5i$位于平面的右上象限，而$-4-6i$则位于左下象限。这样，描述波传播过程的方程就可以用随时间变化的实数部分（实部）和虚数部分（虚部）来表示。

逸闻趣事 | 19世纪，爱尔兰数学家威廉·汉密尔顿介绍了一种叫作“四元数”的超复数。不同于一般复数仅有1个虚数分量，四元数有3个不同虚数分量。四元数适用于处理3个空间维度上同时发生变化的情况，但之后四元数理论在很大程度上被一门称为“向量分析”的数学分支所替代。

数字
p.22。
四则运算；负数
p.26。
向量代数及其微积分
p.104。

同余算术

主要概念 | 我们问一个儿童13除以5等于多少时，得到的答案可能为“商是2，余数是3”，因为13减去2个5之后还剩余3。而同样问题，成年人会给出分数或小数形式的答案，即13/5 或2.6。小孩的答案更适合处理无法分割的物理对象，例如把13支钢笔平均分给5个人，则每人得到2支，同时剩余3支。这里面涉及的其实就是同余算术。同余算术处理对象为整数，涉及的数值通常是从1到某个数的循环，这个循环中的最大数值称为“模数”。例如，当模数为5时，所有数值为1 2 3 4 5 1 2 3 4 5 1 2 3…。例如，模数为12时，我们可以定义循环中的某一点，例如3模12，或9模12（通常记作9 mod 12）。从时钟到密码或者编码等，凡是与循环过程相关的应用，都会涉及同余算术。在计算中，利用同余算术判断一个数的奇偶性非常方便，如果n mod 2有余数（即1），那么n就是奇数。

知识延伸 | 假设现在是9点整，那么5个小时后即为14点整，正常钟点数字的模数为12。同余算术中，循环的起点一般是1或者0。在24小时制中，0和24是同余的，即两者一样。类似的，密码技术中的运算采用的也是同余算术，密钥通常是一个不公开的英文单词，通过将密钥对应的数字与要加密的原文对应的数字相加，用同余算术来产生相应的密文。例如，用密钥CAT来加密原文DOG时，我们把3、1、20（即C、A、T在字母表中的排列顺序）加到DOG对应的数字（D对应4，O对应15，G对应7）上，这样我们得到加密后的密文为GPA。我们看最后一个字母的加密为G+T或7+20，但最后结果需要对26取余，结果为1，即对应字母A。

数字
p.22。
四则运算；负数
p.26。
集合论
p.106。

逸闻趣事 | 校验和会用到同余算术，即一串数字后额外增加一位用于记录强制计算模运算的结果。识别书籍用的ISBN码，最后一位校验数字采用就是这种计算方式。老的10位ISBN码采用11为模数，用X来代表10，现在不再采用老方法，但新ISBN码中的模10运算允许某些校验错误通过验证。

数理逻辑

主要概念丨逻辑学源于古希腊时代，它是一种推理机制，用来从已有关系中推断出新的信息。例如，如果所有的狗都有四条腿这个假设是对的，我们知道一位王子有两条腿，由此可以断言王子不是狗。后来，数学家们利用数学工具设计了一套处理逻辑学的方法，该方法转向定义一些逻辑前提所需的数学基础概念，从简单的点出发，如集合论（见p.106），并结合一些逐步推理的逻辑方法。这方面最著名的例子是布尔代数，即根据英国数学家乔治·布尔的名字命名，布尔代数把一些运算符（数学工具）应用到逻辑值“真”和“假”之上。最简单的运算符NOT将“真”转化为“假”，反之亦然。还有另外一些同时处理一对逻辑值的运算符，例如，AND运算输出“真”时，当且仅当输入的一对逻辑值同时为“真”。类似的，OR运算的一对输入中有一个为真时，输出即为“真”，一对输入同时为“假”时，输出为“假”，这些运算关系通常用韦恩图来描述。长期以来，人们认为布尔代数非常有趣，但却没有实际用途。然而，当它在被应用到计算机后，最终形成了独立的体系。在计算机中，布尔代数用来实现二进制数比特位的运算，即用1代替“真”，用0代替“假”。

知识延伸 | 当我们需要将大量信息精简到最有价值的部分时，很容易看到数理逻辑在计算机中所发挥的作用，特别是像检索这样的操作。例如，如果我想要一辆非柴油发动机的红色汽车时，会搜索“汽车且红色且非柴油”。然而，在计算机内部处理电路的数据时，这种数理逻辑同样发挥着基础性作用。这是通过一些极小的器件来实现的，最初它们是一些相互独立的物理器件，被称为“逻辑门”（与比尔·盖茨无关）。它们可以对数据的比特进行布尔运算。发展至今，处理器的芯片上已经可以集成数十亿个逻辑门单元。

基底
p.24。
公理与证明
p.30。
集合论
p.106。

逸闻趣事 | 在探索从逻辑学层面建立整个数学体系核心方面，阿尔弗雷德·诺斯·怀特海和伯特兰·罗素在他们撰写的三卷本《数学原理》中作了最完整的尝试。该著作发表于1910—1913年之间，其中有一段著名的证明，书中用了几百页篇幅去论证1+1=2。当25岁的奥地利数学家库尔特·戈德尔证明了一套完整的数学系统永远不可能通过逻辑学理论来建立时，《数学原理》中提出的方法遭受了严峻的挑战。

“宇宙之书是用数学语言写就的，它的字母就是三角、圆及其他几何图形，离开这些字母，人类连宇宙之书中的一个单词都不可能读懂。”

——伽利略
《试金者》（1623）
译者：施蒂尔曼·德雷克，
《伽利略的发现与见解》

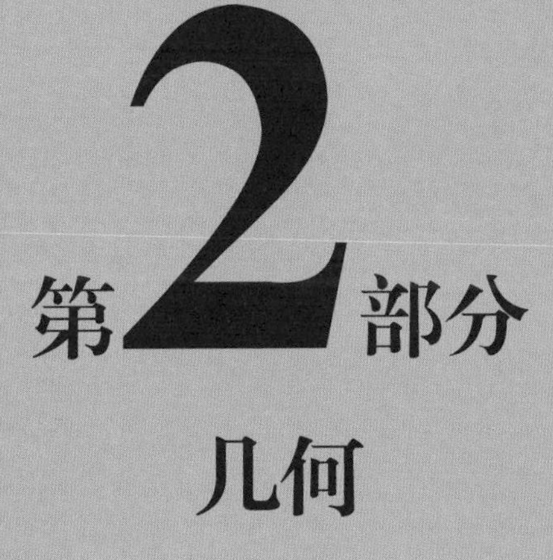

第2部分

几何

引言

“geometry”（即几何）这个词的本义是指“土地测量”，它是关于形状的数学，最初只是研究平面上绘制的图形，后来拓展到三维及更高维的空间。如按照学校里传统教授方法，我们学习几何的结果是习得了一系列枯燥的几何定理，定理的证明强制性以QED结尾（希腊人最初写作OEΔ，该词来自拉丁语“Quod erat demonstrandum”的单词首字母，意思是“如上即所证”）。遗憾的是，几何给人留下了乏味的印象，但它还远不止是死记硬背的事情。几何最初用来考虑土地测量问题，后来从二维平面拓展到你能想象到的任意维空间，也被拓展到拓扑学、纽结理论等相关领域。

欧几里得几何

回到几何的本初，古希腊人对几何学的热情反映出他们直观的数学思维方式，这点与现代人对方程的喜爱截然不同。希腊人不作符号公式的推演，而是在形状和面积层面上思考问题，甚至连分数也是直观化的，他们将构成一个整体的四个独立部分先形象化，然后指出这是“第四部分”，而不会说这是“四分之一”。

传统几何学（或“欧几里得几何”，根据著名古希腊数学家欧几里得命名）从一些公理的集合出发（公理是指显而易见、无须证明的命题或假设），通过逐步推导产生一系列几何定理。最著名的毕达哥拉斯定理，描述的是直角三角形三条边之间的必然关系。技术手段虽然已经发生了很大变化，但测量人员至今仍然使用欧几里得几何学来测量距离和角度。然而，正如我们所看到的，几何及其相关领域已经与最初相比走得很远了。很奇怪，希腊人的大部分工作仅限于平面上的几何学，但自然界中的表面很少是平面的，包括地球本身，也是球体。直到19世纪，三维曲面上的几何才得到广泛研究。

欧几里得之外

一旦几何形状所在的表面不再是平面，事情就会变得有趣起来。例如，平行线可以相交（这与欧几里得几何中“如果两条直线只有在无限远处相交，则两者是平行的”这个定理相悖）。如果你从赤道上的两个点沿直线出发前往北极，则这些线在赤道附近是平行的，但当到达北极时，它们就彼此相遇了。我们在地球表面上画一个三角形，欧几里得几何关于三角形的三个内角度数之和为180° 的定理，在这个情况下就不再适用了，实际上这些角度加起来超过180° ，而在凹面上的三角形，它们三个角度数之和小于180°（考虑在球体内部作图）。

对三维空间中的几何研究，我们可以在现实物理世界中对此有所感知（如果时间允许，也可以研究四维），尽管难以想象“十维空间”的含义，但数学家还是能够将几何学拓展到研究曲线和流形的情形。流形属于拓扑几何学的相关分支，它的研究对象是在可拉伸但不可切割或拼接的高维空间中图形的几何性质。以上这些看起来不太合乎常理，如果从这个意义上讲，则所有数学系统都是基于一些“主观臆想”的规则（甚至欧几里得几何也存在与客观世界脱离的局限性）。就拓扑学家的角度而言，甜甜圈和带把手的茶杯是一回事儿，它们都有唯一一个被物质完全包起来的洞，通过拉伸洞周边的部分，就可以将一个变形为另一个。

在物理学中，爱因斯坦广义相对论使用了非欧几里得几何学，此后的物理学也使用了各类流形工具，这使得几何成为人们关注的中心，其中影响最深的是场论（场即自然界中某些可量化的范畴，且其数值随时空的变化而变化），场论如今逐渐在物理学中发挥主导作用。几何学还有其他方面一些有趣的副产品，如分形的自然皱褶性和自相似性，以及纽结理论的某些奇特属性，这就不仅仅是研究三角形了。

时间线

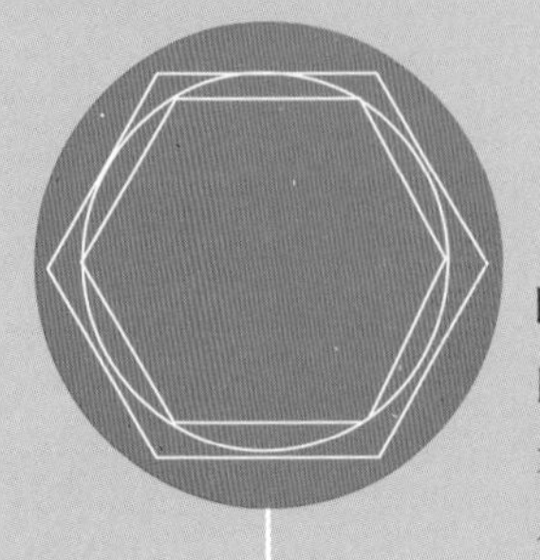

早期的几何

这个时期发现了目前已知的最早关于几何的遗迹，如巴比伦人的泥简、古埃及人的纸草书。关于几何更深入的探索，如涉及三角形基本性质、形状和面积的关系等，则是之后1000多年的事情了。

约公元前300年

欧几里得的遗产

欧几里得撰写了《几何原本》，从少量预先假定的公理出发，为现代几何学以及一些更广泛的结构提供了坚实的数学证明。本书一直作为教科书使用了2000多年。

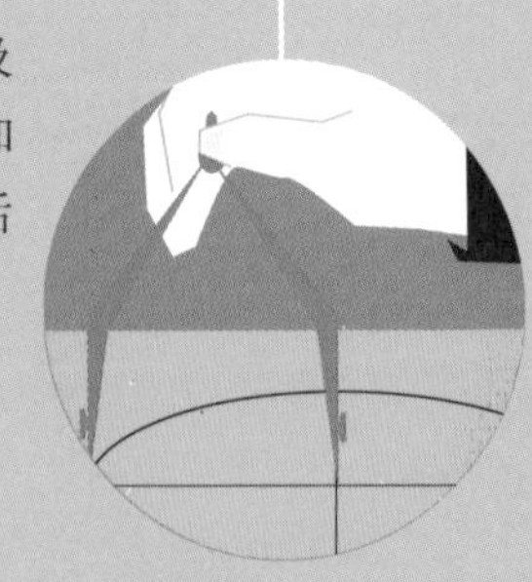

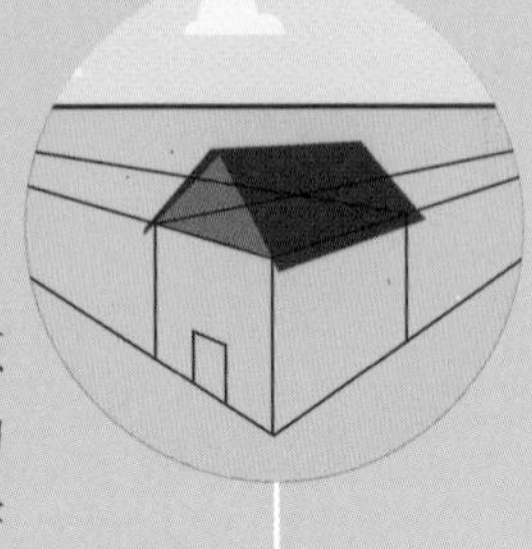

约1420年

透视

意大利建筑师菲利波·布鲁内莱斯基首次对透视进行了几何分析（他当时并没有发表细节，20年后莱昂·巴蒂斯塔·阿尔伯蒂在他的书中才作了详细阐述）。布鲁内莱斯基构造了一种反射装置，使观看者能够将原景与透视画进行对比。

1637年

笛卡儿

法国哲学家、科学家勒内·笛卡儿出版了《几何学》，这是一本关于科学方法著作的附录部分，著名的“我思故我在”即出自这本著作。书中笛卡儿将几何和代数联系起来，阐述了方程和曲线之间的关系，意义远超其作为附录的作用。

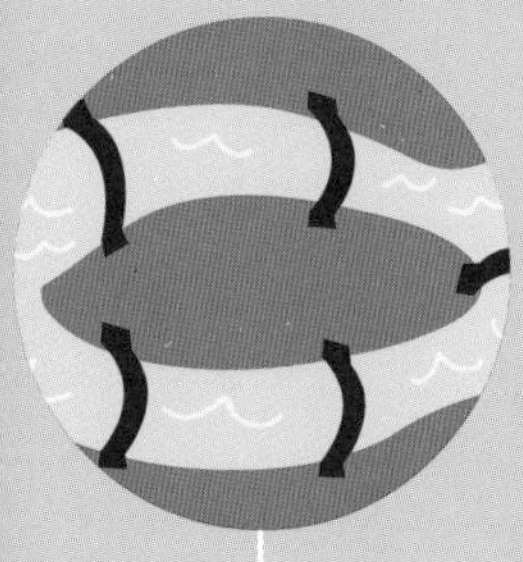

1736年

图论

瑞士数学家莱昂哈德·欧拉发表的关于“哥尼斯堡七桥”问题的研究，可以说是人们对图论的首次应用，即设计一条遍历城市中每座桥梁的步行路线，且保证任何一座桥梁只能走过一次。

1845年

场论

英国科学家迈克尔·法拉第用“场”一词来形容他之前提出的“力线”的概念。场是一个以时空为变量的数学量，它可以用来描述电磁作用力。场论可以说是现代物理学的基础。

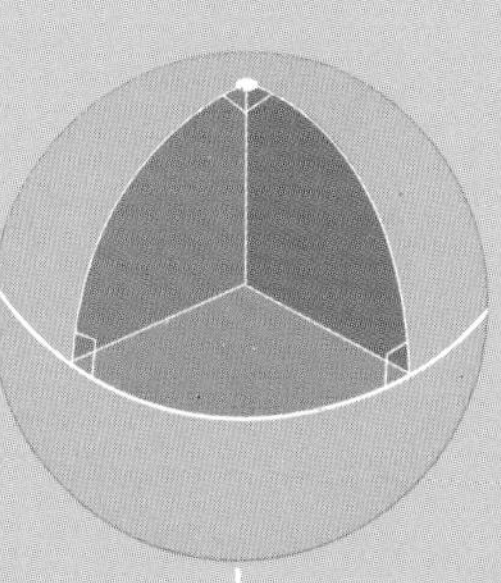

1854年

非欧几里得几何

19世纪早期，卡尔·弗里德里希·高斯、约翰·波利亚和尼古拉·罗巴切夫斯基分别探索了其他版本的几何学，在他们的体系里，平行的直线可以相交，研究对象也不再是平面（以上即称为非欧几里得几何）。到1854年，波恩哈德·黎曼针对光滑曲面，提出新的非欧几里得几何。

1967年

分形

法国数学家伯努瓦·曼德勃罗发表了一篇题为《英国的海岸线有多长？》的文章，集中研究了后来他称之为“分形”的问题，并在1979年引入曼德勃罗集的概念。

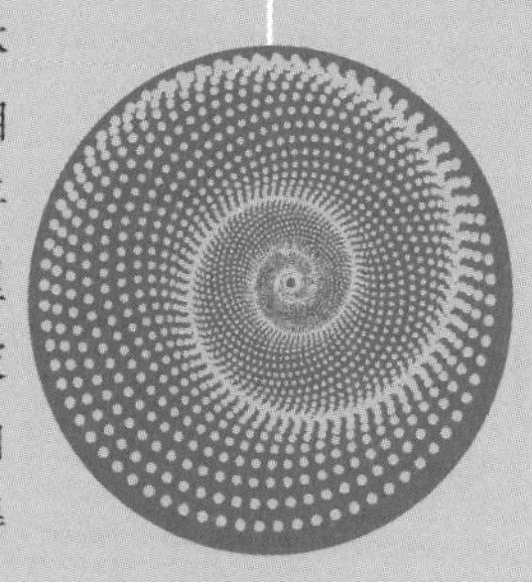

人物小传

欧几里得

（约公元前325—前265）

希腊数学家欧几里得，把古代零散的几何学研究结果集中起来，融合成一个精致的、结构完整的体系，从简单的假设出发，推导出越来越复杂的结论。关于他的生平细节，人们知之甚少，例如他出生在泰尔，这些似乎都是后来一些作家的虚构。甚至有人认为欧几里得并不是真实存在的人，他的研究是一群匿名的哲学家共同的研究成果（20世纪发生过类似的事情，当时一群数学家化名尼古拉斯·布尔巴基共同发表著作），如果情况属实，他很可能是以迈加拉的早期哲学家欧几里得来命名的。许多古希腊作家只是笼统地称他为"《几何原本》的作者"，这是欧几里得一部长达13卷的几何名著（还包括一些其他方面的数学）。这部著作似乎是在亚历山大完成的，因此他有时被称为亚历山大的欧几里得。

加斯帕德·蒙格（1746—1818）

加斯帕德·蒙格生于法国东部的博讷，他在两个几何领域方面做出了重大贡献。在里昂的三一学院接受数学和物理培训后，蒙格在沙勒维尔-梅济耶尔的一所军事工程学校从事绘图工作，后来成为那里的数学教授。蒙格是法国大革命时期重要的学术人物，在他成为高级军官之前，制图员的经历使他在发展"画法几何"的过程中受益匪浅。这是一个将三维对象投影到二维平面以实现工程制图或其他建筑制图所需的数学过程。他进行画法几何研究的同时，继续以制图员身份工作，有时需要他绘制防御工事详图，以确保敌人无法看到和射击到某军事据点。蒙格为几何贡献的另一个更复杂的分支领域是"微分几何"，研究对象是三维图形，但使用了微积分和代数工具来描述三维空间中曲线和几何图形的性质。蒙格死于巴黎，享年72岁。

赫尔曼·明科夫斯基（1864—1909）

赫尔曼·明科夫斯基出生在阿列克索塔斯（当时属于俄罗斯，现属立陶宛），小时候随家人移居柯尼斯堡（当时属于德国，现在位于俄罗斯的加里宁格勒），所以他通常被认为是德国数学家。详细来说，他从数学家视角出发，说服爱因斯坦接受了一种更为几何化的世界观，即空间和时间是一个统一体——时空。明科夫斯基在许多大学讲学，包括苏黎世联邦理工学院，爱因斯坦在那儿曾是他的学生。明科夫斯基到哥廷根大学之后，开始研究关于时空的数学，并发明了明科夫斯基图，直到现在，这仍然是表示时空事件的主要方法。他最重要的工作是研究多维空间中的几何性质，包括四维时空以及连接数论与多维空间的“数的几何学”。哥廷根大学是明科夫斯基最后一直从教的地方，他在那里与当时最伟大的德国数学家大卫·希尔伯特一起工作。不幸的是，明科夫斯基在年仅44岁时，死于阑尾破裂。

克里斯蒂安·菲利克斯·克莱恩（1849—1925）

克里斯蒂安·菲利克斯·克莱恩出生在德国杜塞尔多夫。他在波恩大学学习时，最初打算从事物理学方面的工作，但后来对数学产生了浓厚的兴趣，他先后成为埃尔朗根大学、慕尼黑大学、莱比锡大学（担任几何学教授）和哥廷根大学的讲师、教授。他最重要的成就之一并不是直接在数学领域，而是作为《数学年刊》杂志的编辑，这本杂志在很大程度上受到了克雷尔《纯粹与应用数学杂志》的影响，但《数学年刊》最终成为顶级的数学出版物。克莱恩的博士论文是关于平面中直线的几何学，他研究的主要产出集中在几何学。他坚持不懈地研究非欧几里得几何，并在他的埃尔朗根纲领中，将几何与“群论”和对称性的相关方面联系起来，这对20世纪的物理学尤为重要。他还从事复分析研究，即复数域上的微积分。对数学爱好者来说，他是著名的克莱恩瓶的创造者，这个瓶子像一条莫比乌斯带一样只有一面，尽管它只能通过把四维空间中的对象投影到三维空间来获得。

欧几里得几何

主要概念丨欧几里得几何主要研究平面上的图形。《几何原本》采用的方式是从五个简单公理（假设）出发，这些公理是关于直线、角和圆的一些不证自明的论断，从公理出发构建一系列定理。这些公理包括：在任何两点之间都可以画一条直线；任何直线都可以无限延伸；一个圆可以由它的圆心和半径来确定；凡直角都是相等的；第五个是“平行公理”，即如果两条直线之间的角度小于180°，则它们相交（通常表述为“如果两条线只在无穷远处相交，则它们是平行的”）。在建立公理体系的基础上，欧几里得证明了一系列关于几何图形的定理。欧几里得几何的定理通常可以互相证明，例如，证明一个三角形的角度加起来是180°，或者证明两个三角形的两组对应边相等且它们的夹角相等，则两个三角形是相同的，几何学家称之为“全等”。还有一些三角形可以证明彼此“相似”，即同一三角形的放大或缩小。其中最著名的毕达哥拉斯定理，描述的是直角三角形中边长必然存在的长度关系。

圆锥曲线
p.60。
几何学与天文学
p.62。
非欧几里得几何学
p.70。

知识延伸 | 通常，古典几何学被认为是关于平面图形的几何，即处理二维平面上的图形，但欧几里得几何实际上也研究三维的情况。早期人们相当感兴趣的一个问题是柏拉图多面体——即由若干等边三角形组成的三维形状。柏拉图多面体只有五种：四面体、八面体和二十面体，分别由4个、8个和20个正三角形组成；立方体由6个正方形组成；十二面体由12个正五边形组成。存在于这些正多面体中的规律非常引人入胜，一些古希腊人认为它们与宇宙五元素土、气、火、水、精髓或以太有关。

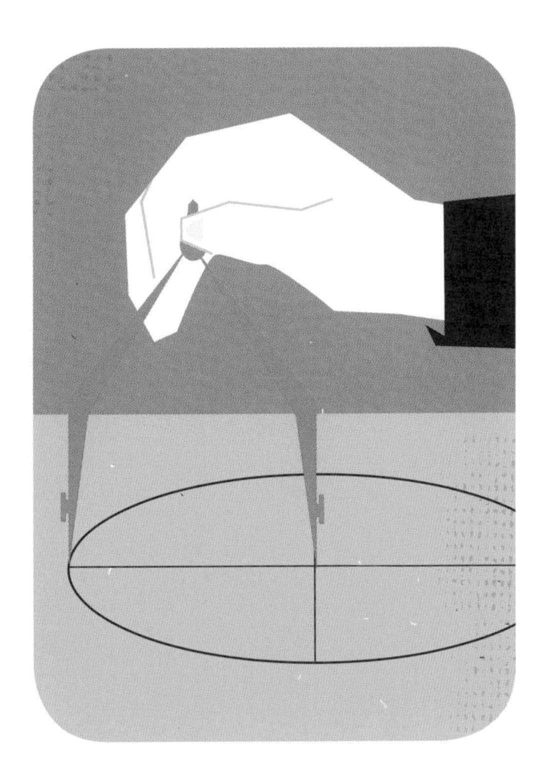

逸闻趣事 | 17世纪，德国天文学家约翰内斯·开普勒认为五种柏拉图多面体与六种已知行星，即水星、金星、地球、火星、木星和土星之间存在联系。他设想了一种多重球体构造，球体依次由柏拉图多面体隔开，并将之与太阳系相对应。这个理论没有科学依据，而只是一种基于“美学”的早期理论，物理学家们至今仍在追求 “美学”上的目标。

三角学

主要概念 | 研究三角形角度与边长之间的关系是几何学的一种自然延伸，该研究方向称为“三角学”，表示“三角形测量”。考虑直角三角形中的一个角，该角的“正弦”为该角对边与斜边（最长边）的比率，该角的“余弦”类似，是其邻边与斜边的比率，该角的“正切”是其对边与邻边的比率（读者可能对“SOH CAH TOA”记忆方法比较熟悉）。这些简单的“函数”在测量、导航（例如，六分仪）和天文学中非常有用。三角学可用于三角测量，即通过测量已知两点与待测点之间的夹角来确定待测点的位置，这项技术对精确绘制地图具有变革性意义。但三角函数的三角形定义形式有其局限性，因为它能处理的角度最多为90°。扩展的定义是将三角形置于一个圆内，斜边是半径，且可以沿圆周扫掠，三角函数的值会周期性地波动。这种方法产生了另一种角度单位，即“弧度”。当在球体上而不是圆上考虑问题时，三角学就被拓展到了平面之外的情形。

欧几里得几何
p.54。
几何学与天文学
p.62。
微分
p.98。

知识延伸 | 使用圆周形式定义三角函数时，可以将角度与三角形斜边绕圆周扫掠的长度关联起来。考虑半径为1的圆周，即周长为2π，所以，环绕360° 即2π弧度，弧度是角度的一个新的测量单位。当把三角学与微积分相结合时，这种方法非常有用，因为使用弧度测量的结果往往更为简洁。与文化认同角度相比，它更多的是数学意义上一个更为严谨的度量单位。弧度是目前角度测量的标准科学单位。

逸闻趣事 | 在很多国家，人们用不同类型的混凝土柱来标定某个地形中的高点位置，柱子顶部通常配有金属板，在美国被称为“三角测量点”，在英国被称为“三角点”，这些点用来安装经纬仪，这是一种用于三角测量的光学仪器。GPS卫星导航系统应用后，这些三角点就随之过时了。

π

主要概念 | 有几个普适常数是我们非常熟悉的，首当其冲的就是π，即圆的周长与直径的比值，用希腊语单词“圆周”的首字母π命名。至少在4000多年以前，人们就已经知道了π的近似值。此后，古希腊数学家阿基米德发明了一种计算π值的巧妙方法，他在圆之外画一个正多边形使其恰好包围此圆，同时在圆内画一个类似的与其相接的小正多边形，那么圆周的长度就介于两个正多边形的周长之间。多边形的边数越多，对π的近似值越精确（如p.59图所示）。阿基米德利用一对正96边形证明π的值介于223/71 和 22/7 （3.1408 和3.1429）之间，π既显得“超乎常理”，又看似“玄奥”，这意味着不能通过一种包含有限步骤的方法来精确计算π的值。此后，人们借助一个序列和等于π的无穷序列计算确定小数点后更多的位数，目前可以计算到小数点后几万亿位。π显然在几何学中非常有用，在物理学的很多方面也有应用，例如，从弦理论到测不准原理，π也被应用到统计学的正态分布以及其他很多方面。

知识延伸｜π的产生让人出乎意料。从概率分布角度，用一根鸡尾酒棒和一组平行线（通常地板横线即可）就可以计算出π的近似值。令棒的长度小于区域内平行线之间的距离，重复投掷该棒，π的近似值即为$2ln/wx$，其中l是棒的长度，n是投掷的次数，w是平行线之间的宽度，x是所有投掷中棒与平行线相交的次数，投掷的次数越多，计算结果就越接近π的真实值。

逸闻趣事｜自古以来，几何学家就试图"化圆为方"——即尝试仅用直尺和圆规等作图工具作出一个面积与已知圆相同的正方形。古希腊人为尝试这件事情的人赋予了一个专有称号，即"化圆为方者"。遗憾的是，由于π是超验的，通过尺规作图来"化圆为方"是不可能的。

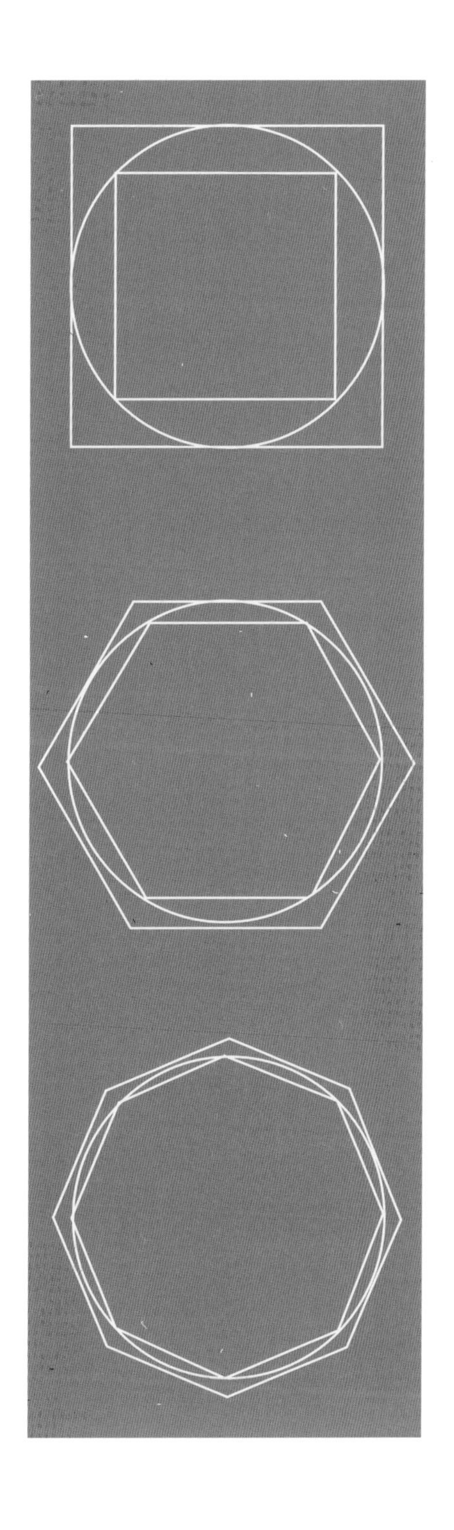

数列
p.32。
欧几里得几何
p.54。
蒙特卡罗方法
p.138。

圆锥曲线

主要概念 | 数学史上，人们从未停止过对圆锥曲线的研究，这是一类可以通过用平面截取圆锥体来得到的曲线。圆锥曲线这个概念听起来有些主观化（也许有人会问，那为什么不研究截取香肠或者小熊软糖后产生的曲线？）。实践证明，截取圆锥体产生的圆锥曲线是最有研究价值的。平行于圆锥底部的平面将截得一个圆，与圆锥底面成一定倾角的平面将截得一个椭圆（截面不通过圆锥底面时）。类似的，当截面通过圆锥底面时，将会截得抛物线。当截面保持在圆锥顶点同一侧时，将产生双曲线（严格讲，需要两个顶点相对的圆锥才能产生双曲线的全部两条曲线）。在实际中，每一种圆锥曲线在英语中都有比喻用法，如“a circular argument”“an elliptical expression”“parables”（以上三组英语表达与圆“circle”、椭圆“ellipse”和抛物线“parabola”相关），英语中的“hyperbole”（夸张），正如双曲线（英文为“hyperbola”）越过了圆锥体边界一样，有过度、过分之意。在现实中，双曲线在天文学中有着广泛应用，大部分双曲线和物理及工程应用相关，例如，从镜面形状到齿轮的设计等方面。

知识延伸 | 椭圆曲线在轨道研究中的应用可能是其最广泛的用途。长期以来，行星轨道一直被认为是“完美的”圆形，事实上许多轨道的确近乎圆形。但德国天文学家开普勒观察到，行星遵循椭圆形轨道运行，而牛顿通过数学证明了引力平方反比定律（物体之间的引力与距离的平方成反比）必然导出椭圆形轨道。但并非每个天体都保持在持续不变的轨道上运行，例如，某些彗星掠过太阳系并再次飞出，它们的轨道为抛物线或双曲线，这取决于其是否绕日运行。

逸闻趣事 | 圆锥曲线似乎仅对那些专门从事这种研究和应用的专家来说才有价值，但有一篇关于圆锥曲线的论文，给我们普通大众贡献了一个标志性的符号。牛津大学数学家约翰·沃利斯在1655年出版的《圆锥曲线》中写道：“令符号∞表示无穷大。”他并未解释为什么要选择∞这种独特的形状，尽管有人猜测，∞是继0之后最简单的“连续循环”形式。

幂、方根与对数
p.34。
欧几里得几何
p.54。
几何学与天文学
p.62。

几何学与天文学

主要概念 | 从人类研究天体开始，天文学便一直和数学携手并进，直到19世纪，天文学还被认为是数学而非自然科学。跟踪行星运动轨迹是一件非常困难的事情，有时甚至让人束手无策，尤其是在哥白尼时代之前。在哥白尼否定“地心说”，提出太阳居于宇宙中心，众行星绕日运行之前，人们很难去跟踪行星的运行轨迹。有时会观测到行星似乎突然逆向而行，现在我们知道，这是由于地球的轨道本身是变动的，从变化的视角去观测火星轨道就会出现这种情况。当认为宇宙一切都绕着地球运行，此时就需要更复杂的几何模型，即“本轮”，一个小的圆周运动围绕中心作更大的圆周运动。尽管牛顿使用微积分来研究引力理论，但在他研究万有引力等作用力的名著《自然哲学的数学原理》中，几乎完全采用了几何学及圆锥曲线方法。从阿基米德早期计算宇宙大小的尝试到现代的视差方法，几何学被用来计算天文距离、设计望远镜等。

欧几里得几何
p.54。
三角学
p.56。
微分
p.98。

知识延伸 | 将一根手指放在眼前，然后依次睁开和闭上左右眼睛，手指看起来在左右移动。距离越远，左右移动的量看起来就越小，这就是视差。通过测量物体看起来移动的距离，并得知两眼间距的前提下，我们就可以使用简单的三角学来测量物体的距离。天文学家经常用类似方法使用两台置于不同位置的望远镜进行天文测距，一种更强大的视差技术是使用相隔6个月的同一视角，这意味着两次观测处于地球轨道的两端，相当于一对相隔3亿千米的眼睛。

逸闻趣事 | 阿基米德最不可思议的著作是《数沙者》。在这本书里，他估计了要用多少粒沙子才可以填满整个宇宙。他的初衷是要说明如何把当时还比较局限的希腊计数系统向无穷大方向拓展，为此，他需要利用一些几何技巧先估算宇宙的大小。

透视与射影

主要概念 | 很早以前的绘画作品给人一种怪异的平面印象，画面看起来没有深度，这是因为画家没有考虑到透视的几何效果。简单地说，物体越远，看起来就越小。要在图画中正确地处理透视关系，需要从观察者的位置向远处绘制（或假想）一组透视线，现实世界中的平行线将汇聚在远处一点，该点称为“消失点”。建筑师、艺术家菲利波·布鲁内莱斯基在15世纪早期展示透视图时，看起来还是非常新颖的东西，以至于他需要用到视觉辅助工具来加以解释。这是一个用透视方法画在木板上的佛罗伦萨洗礼堂的镜像图，在消失点上打一个小洞，其中还有一个精致的细节，即布鲁内莱斯基用银粉绘制的天空，这样就可以反射云朵。观众通过画板上的洞观看真正的洗礼堂，同时用一面镜子将他们的视角切换到画板。透视图是图形投影的一部分，它将三维对象投影到二维平面上。例如，当从不同的视角绘制立方体时，立方体的形状会发生显著的变化。投影对于绘制地图以及建筑工程制图来说，是必不可少的技术手段。

知识延伸 | 对于地球的投影地图我们已经非常熟悉了，以至于忽略了一个事实，即投影地图上所看到的东西不是百分之百准确的，从球形表面到平面图必然会丢失一些信息。我们熟悉的世界地图是制图师赫拉尔杜斯·墨卡托于1569年创立的“墨卡托投影”的变体，该方法将地球的特征投影到一个包着赤道的圆柱体上，然后再展开。这样绘制的地图非常有利于航海，但却扭曲了国家版图的本来形状，当逐渐远离赤道时，相应的区域会被放大。例如，格陵兰岛看起来比印度大得多，实际上，它们的面积非常相近。

逸闻趣事 | 透视反映在发光物体的亮度上，则是距离越远，物体看起来越暗。天文学家使用这种效应来估算“标准烛光”的距离，这些是一种看起来具有一致亮度的特殊天体。第一批标准烛光是被称为“造父变星”的恒星。1912年，天文学家亨丽特·斯旺·莱维特发现这类恒星的亮度呈现规则的周期性变化。

几何学与天文学
p.62。
图论
p.68。
非欧几里得几何
p.70。

笛卡儿坐标系

主要概念 | 早期，人们认为几何与今天的算术是完全不同的两样东西，就像艺术和音乐之间彼此不同一样，本质原因是两者之间尚未建立起明显的联系。直到17世纪，法国哲学家、数学家勒内·笛卡儿才率先发表并广泛传播了两者之间的联系。同时，其他一些人也发现了类似结果，特别是法国数学家皮埃尔·德·费特和妮可·奥雷斯姆。这项工作中，最重要的一步是以笛卡儿之名建立起来的“笛卡儿坐标系”。今天使用的笛卡儿坐标系（包含了对笛卡儿原始版本的改进，如p.67上图所示）是由一对数轴组成的，即一条水平轴和一条垂直轴，两者相交于原点。按照惯例，水平轴称为“*X*轴”，垂直轴称为“*Y*轴”。那么，二维平面上的一个点，例如，*X*轴原点右边1个单位，以及*Y*轴原点上方2个单位，可以表示成数值分别为1和2的两个变量x和y。原则上，可以在这个坐标系中再加一个与它们都垂直的数轴，只要数学家愿意，可以涉猎任意多维度。该系统真正的意义在于，一个代数方程，如$y=x^2+3x+2$，用笛卡儿坐标系绘制出来（在本例中是抛物线），变成了一条直观的曲线。

知识延伸 | 笛卡儿坐标系不仅仅是给平面上的点提供一种标识方法，更重要的是把方程和曲线关联起来，这使“解析几何”的诞生成为可能。在解析几何中，不同方程的公共解可以从曲线（或多维几何体）中导出。当牛顿和莱布尼茨发明微积分时，方程与曲线或几何体之间的这种关系，是使微积分最终发展成为最通用和最强大的数学工具之一的基础。可以说，笛卡儿坐标系的引入使得数学成为物理学的基本工具。

逸闻趣事 | 尽管笛卡儿发明了笛卡儿坐标系，但最初的版本不同于今天，仅有*X*轴一条数轴，另外一个分量简单地通过度量向上或向下离开*X*轴的距离来表示，并没有引入第二条数轴。垂直轴的引入是十几年后其他数学家所做的工作，这使笛卡儿坐标系得以完善。

线性代数
p.92。
微分
p.98。
积分
p.100。

图论

主要概念 | 拓扑学的主要概念（参见p.72）是将几何体简化为在柔性变换下等价的对象，但是拓扑几何的某些分支让事物更进一步简化，只留下原始对象最基本的结构。在大多数人眼中，“graph”这个词在英语里指“图表”，对数学家而言，它是事物最精简的表达方式。图论将现实或虚拟中的复杂对象转换成点线相连（点称为“节点”或“顶点”，线又可称为“边”）的图形。图可以指由顶点和边组成的图形，也可以用来研究关系网络。虽然没有定论，但人们普遍认为图论的研究起源于德国数学家莱昂哈德·欧拉1736年对“哥尼斯堡七桥问题”的分析（如p.69下图所示），现代意义上的图论直到19世纪末才正式建立起来。图论的例子包括以每个人为节点的家族树形图，其中的线表示亲缘关系。类似的，生物学的进化树和分支图都属于图论范畴。社会学家用图表来描述社会网络，而在计算机应用中，图论则被广泛应用于通信网络分析，例如互联网，以及数据的组织结构。凡是涉及数据节点及其关联的结构，图论都有用武之地。

知识延伸 | 哥尼斯堡七桥问题指的是如何不重复、不遗漏地走遍哥尼斯堡中的所有七座桥。欧拉忽略地理因素，将陆地转化为节点，将连接两块陆地的桥转化为边，他通过有效地引入图论方法来解决七桥问题。先不考虑第一个和最后一个节点，其他每个节点都必须有偶数条连接线，这是因为一条边只能使用一次，所以这些节点必须要有相同数量的进口边和出口边，否则路径将终止于该节点。但在哥尼斯堡问题中，每块陆地都有奇数个通向它的桥梁，由此得知符合条件的路线并不存在。

欧几里得几何
p.54。
纽结理论
p.76。
集合论
p.106。

逸闻趣事 | “六度分隔”是从图论中衍生出的一个流行观点，即世界上任何两个人最多可通过中间6个人建立起相互联系。其中6这个数字，在科学上并不严谨，这与20世纪20年代的一篇小说以及20世纪60年代一些信件转发实验相关，但毫无疑问，我们的确生活在一个紧密相连的世界里。

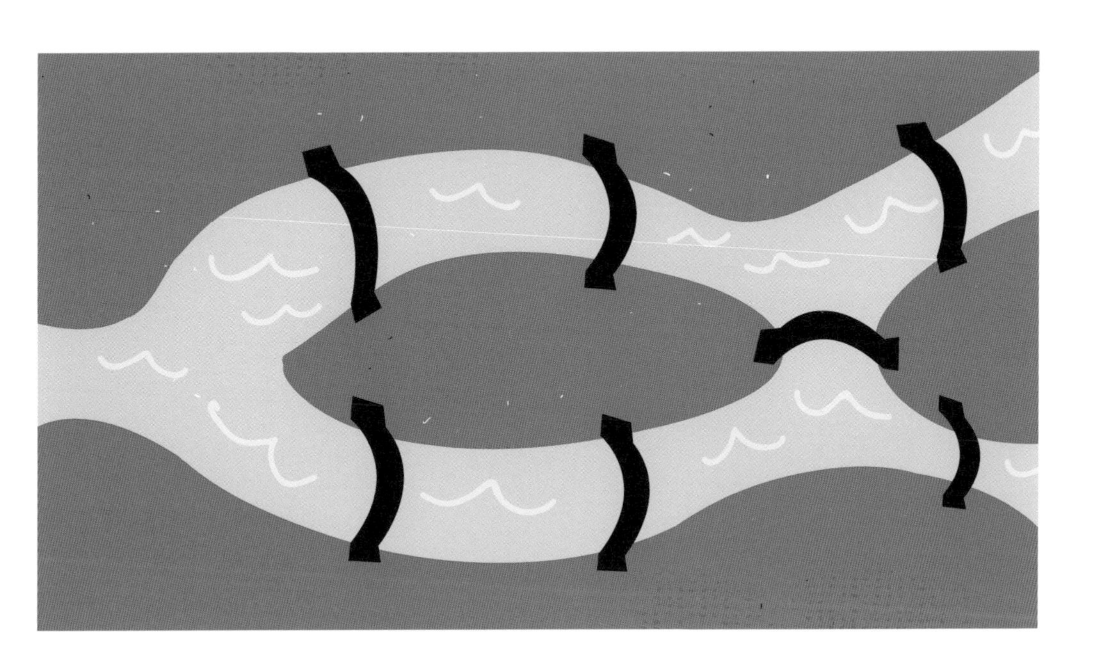

非欧几里得几何学

主要概念 | 虽然古希腊人已经把几何学扩展到平面之外，形成了一些简单的三维形式，如球体、圆锥体和正多面体（见p.55），但他们似乎没有考虑把几何定理，如三角形的内角和定理，扩展到我们所熟悉的三维空间中去。研究三维曲面空间上的几何是完全可行的，例如在地球表面这种情况下，三角形的内角和将超过180°，而两点之间的最短距离，在平面上是一条直线，此时则变成了一个“大圆”（球面上过这两点周长最大的圆）中的一段弧线。简单的非欧几里得椭圆几何，即曲面曲线是椭圆（包括球面的特例），或者是双曲几何，即曲面曲线是双曲线，此时三角形内角和小于180°。不过这只是初步——数学上没有理由仅仅局限在三维情况，还有一些更复杂的几何结构，如黎曼几何，它解释了不规则表面的情形，其最主要的限制是要求曲面连续变化。

圆锥曲线
p.60。
透视与射影
p.64。
欧几里得几何学
p.70。

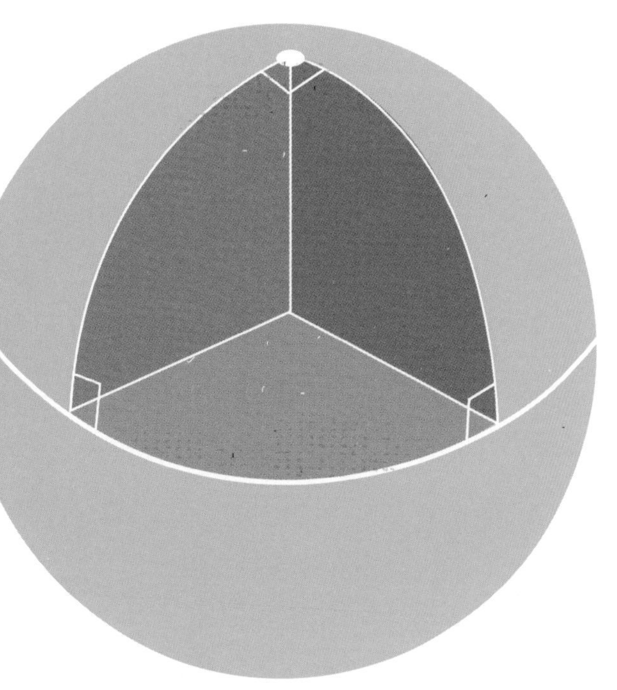

知识延伸 | 在几何学中使用维数3似乎很自然，因为我们对三维空间中的方位及度量非常熟悉。但更高的维度情况如何呢？即便是客观世界，也要求我们考虑四个维度，即时间作为第四个维度，而数学家们所研究的想象空间，其维度则数以千计。没有人能想象出一个超过三维的物体是什么样子，但有一些常用的四维形状模型，如超立方体，展开后共有8个立方体边。实际上，数学上的高维情况，通常是从最便于观察的角度，将高维投影到二维或三维上来处理。

逸闻趣事 | 非欧几里得几何最著名的应用是爱因斯坦的广义相对论，它本质上是一种最好的引力理论。不过，广义相对论差点儿就被冠以希尔伯特之名。当时，爱因斯坦正纠结于涉及的一些曲面空间上的数学问题，数学家大卫·希尔伯特此刻正在着手建立自己的广义相对论方程，研究成果发表按计划应该早于爱因斯坦，但最后一刻的一个错误导致希尔伯特晚了一步。

拓扑学

主要概念 | “拓扑学”（topology）字面意思是“地志学”，它是关于几何曲面和几何体的数学，不关心对象的大小和形状，只关心物体（真实的或想象的）是如何连续或离散变化的。如果一种形状可以通过拉伸、压缩，但不能撕裂而变形成另一种形状，则两种形状在拓扑上是等价的，拓扑几何有时也称为“定性几何”。例如，我们想象一下意大利面，螺旋形的和细条状的在拓扑上是相同的，因为它们都没有孔；通心粉和肉卷在拓扑学上是相同的，因为它们都有一个孔。拓扑学还涉及表面和边等概念，比如一个环形带有两个面和两条边（假定数学中理想化的物体没有厚度），而包含一次扭转的环形带，即莫比乌斯带，只有一个面和一条边。通过简单拉伸无法将一个环形带转化为莫比乌斯带。拓扑学也被扩展到引入等价关系的集合上。数学之外，物理学和工程应用中涉及的曲面和流形都与拓扑学相关，拓扑学的分支纽结理论（见p.76）在物理学和生物学中也非常有用。

知识延伸 | 尽管可以通过类比橡胶的无限拉伸和压缩对拓扑学有一个大致的感觉，但一些规范的定义仍然是必要的。最需要留意的是，能否通过压缩操作使延伸出的部分收缩回去，在这一点上存在着分歧。如果认为可以这样操作，拓扑学也称为“同伦”，如字母O、D和R是相同的，因为R的“腿”可以被压缩回去。如果假设总是会有一些残留的部分无法压缩收回，则该方法是“同胚的”。这里的O和D是相同的，但R不是。

图论
p.68。
纽结理论
p.76。
集合论
p.106。

逸闻趣事 | 作为一门数学学科，拓扑学出现得比较晚。1847年，数学家约翰·利斯廷在德语中首次使用了“拓扑”一词，直到19世纪80年代才确定“拓扑学”的英文形式，我们也许应该把熟悉的莫比乌斯带称为莫比乌斯—利斯廷带，因为利斯廷和莫比乌斯在同一年提出了这一概念，之后前者继续投入到更为复杂的扭曲结构的研究中。

代数几何与场论

主要概念丨“代数几何”听起来感觉有些类似笛卡儿提出的另一个术语（见p.66），就像是代数学与几何学之间的另一种连接形式，其研究的起点是一个多项式（即我们理解的方程的一边，由常数和变量组成）的零点组成的集合。代数几何提供了一种从几何视角去研究多项式零点的通用方法，它已经成为数学研究中的一个主要领域，无论是推动某些抽象数学问题的研究，如费马大定理的证明就是利用了代数几何知识（见下文），还是推动现代物理学发展方面都发挥了重要作用，19世纪以来，物理学越来越依赖于代数几何方法，尤其是从爱因斯坦的广义相对论，到弦理论等方面。“场”概念的提出是物理学的一次根本性变革，由迈克尔·法拉第率先提出，并由苏格兰物理学家詹姆斯·克拉克·麦克斯韦给出数学描述。简单来说，场本质上是一个由数字组成的空间。在构造上，空间和时间中的每个点都被赋予一个数值。例如，地球表面每个点都有海拔高度，这就是一个场。法拉第用线条来表示磁场的强度，例如地球的磁场，磁场越强的地方磁力线越密集。

知识延伸 | 场论最先应用在电和磁方面，如今已经扩展到从重力场到希格斯场的所有领域。希格斯场，即赋予每个基本粒子以质量。麦克斯韦将场从一个定性的概念转化为定量的机制，在数学和物理之间搭建了一座桥梁。场论的根本贡献在于，认识到场中点的数值可以代表向量（既有数值大小，又有方向），也可以代表标量（仅有数值大小），并且可以处理两者之间的转换。有的物理学家认为，整个宇宙，有时被称为“大家伙”，是一些相互作用场的集合，这种处理场的方式与代数几何方法非常相近。

逸闻趣事 | 费马本人对费马大定理的证明仅仅是标注在书籍空白地方的几行字，他写道：“这里的空白太小，写不下了。”费马无论如何也想象不到安德鲁·怀尔斯在1993—1995年之间，先后用两篇长达总计129页的论文，应用数论和代数几何中的椭圆曲线方法，攻下了这个长达350年之久的数学难题。

幂，方根和对数
p.34。
笛卡儿坐标系
p.66。
非欧几里得几何学
p.70。

纽结理论

主要概念 | 数学家们一直对绳结非常着迷——尽管他们的身份是数学家，数学中的纽结与现实生活中的绳结不太一样，前者的一个最基本要求是，其所在的“绳子”必须是两端闭合的。同时，类似于经典几何学中的直线，“绳子”必须是一维的，且没有厚度。纽结理论是拓扑学的一个重要分支（见p.72），与拓扑学中的情形类似，在不撕裂的情况下，如果可以从一个形状变换到另外一个形状，则这两个形状在拓扑意义上是等价的，纽结理论中不允许剪断本来连续闭合的绳子。纽结具有分层结构，从初始绳圈出发（通常称为“平凡纽结”），逐步增加结环的个数，例如，交错3次分别形成3个叶片，这就是“三叶结”。纽结理论的数学研究看起来抽象，但像其他很多理论数学一样，往往被证实是有实用价值的。例如，与分子类似，纽结也具有手征和对称性。另外，纽结与DNA结构及蛋白质折叠的相似性，同样有重要意义。类似的，物理学家发现处理纽结变换的理论在统计力学和量子计算中都具有实用价值。

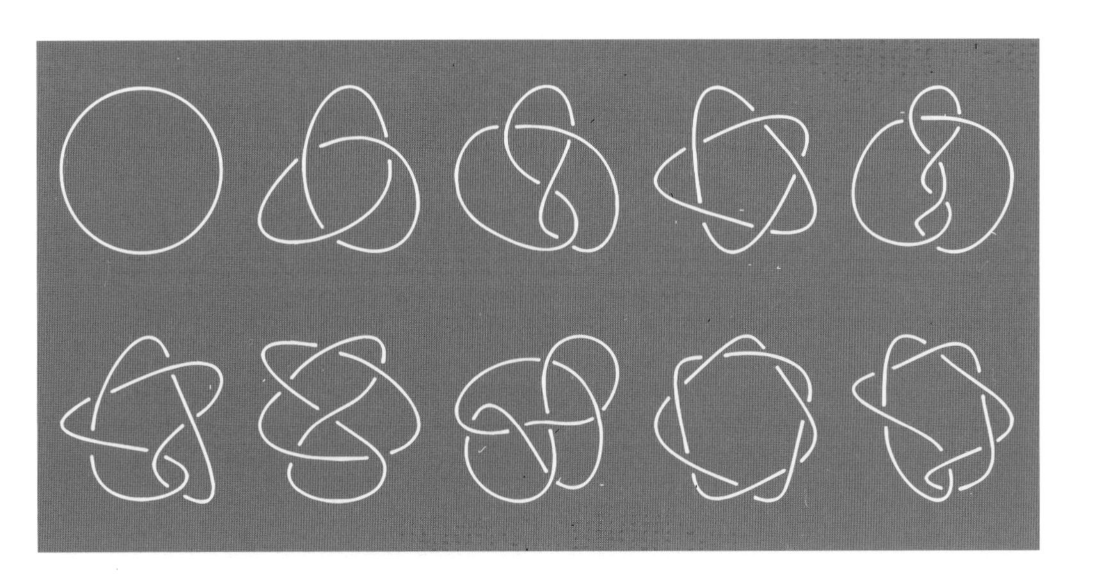

知识延伸 | 19世纪，人们刚刚开始研究纽结理论时，彼得·格思里·泰特是其中一位主要倡导者，他是詹姆斯·克拉克·麦克斯韦的终生挚友（见p.74）。泰特受到了威廉·汤姆森以及后来的开尔文勋爵关于原子是“以太中的纽结”这一理论的启发，他们认为以太这种稀薄的物质充斥着宇宙，并且是光传播的媒介（这种理论后来被证实是不正确的）。泰特制作了一个关于“素纽结（即非复合的）”的表格，最大交错数为10，可证明一共有165种不同的纽结。目前，人们制作的纽结表最大交错数是16，可产生1 388 705种不同的纽结，这让人印象深刻。尽管纽结理论现在成为拓扑学的一个分支，但在某种程度上，可以说它起源于一个错误的物理理论。

逸闻趣事 | “环绕数”是纽结的一个听起来有些不可思议的特征，用来衡量缠绕的程度。粗略地讲，环绕数就是正交错的次数减去负交错的次数，正交错是指交叉时从右向左由绳子下方穿过而形成的交叠。可以通过扭曲绳子来改变环绕数，但保持纽结整体拓扑结构不变。

透视与射影
p.64。
图论
p.68。
拓扑学
p.72。

分形

主要概念 | 传统的几何学主要关注规则的、平滑的物体，但自然界是粗糙的。分形是更接近真实世界中物体形状的一种数学形式，它通常是一些按照某个固定模式自然复制并不断扩充的结构。如果你放大分形中的一部分，那么它看起来与分形整体是相似的，即分形的“自相似”性。同样，这也是自然世界的普遍特征，例如，树枝通常是整棵树的缩小版。分形通常呈现出一些非常有趣的性质。例如，最早研究的科赫雪花分形，它的周长是无限的，但却可以局限封闭在一个有限的区域；此后研究的谢尔宾斯基三角（或称为垫片，如p.79下图所示）是一个复杂的分形模式，它的面积趋于0。法国数学家伯努瓦·曼德尔布罗是最著名的分形理论的倡导者，他在1975年用“分形”来命名这种数学形式，并将分形作为图形艺术推广到计算机图形绘制中（CGI）。例如，由简单的数学公式不断迭代生成曼德尔布罗集。除了用来生成计算机绘图，人们最早希望分形技术能够产生高度压缩的图像。分形是一种非常有效的方法，后来被不断发展的硬件技术所取代，但在许多解析方法中仍然还在使用分形方法来构造数据。

拓扑学
p.72。
集合论
p.106。
混沌理论
p.144。

知识延伸 | 20世纪80年代末，计算机处理的图片越来越大，色彩越来越丰富，磁盘存储技术难以承载图片文件增长的速度。英国数学家迈克尔·巴恩斯利设计了一种使用分形技术来压缩图片的方法，这种方法寻找相似的分形结构，因此在处理自然图像的压缩上表现得特别好。这种压缩技术是有效的，但到了20世纪90年代早期，更简单的JPEG压缩标准应运而生，磁盘的存储量也在快速提升，大多数图片方面的应用需求得到基本满足。尽管分形压缩可以使一些图像比JPEG小得多（图像可以压缩成一个“方程”），但它要消耗更多的处理器资源。从微软的百科全书到一些视频游戏，都会涉及分形压缩技术的应用，但目前尚未成为主流方法。

逸闻趣事 | 曼德尔布罗1967年发表了一篇突破性论文《英国海岸有多长？统计自相似性和分形维数》，分析了海岸线悖论，这一问题直到20世纪才引起人们的关注。一条海岸线究竟有多长，这很难下定论，因为选择的度量单位越小，就需要测量越多的细小“褶皱”，从而获得测量结果的时间也就越久。选择不同的度量单位，关于英国海岸线长度的测量结果可以相差数百英里。

“学习数学，正如尼罗河一样，始于不择细流，终能浩荡万里。”

——查尔斯·科尔顿

《莱肯：微言大义——致思想者》（1820）

第3部分

代数与微积分

引言

学生对学习代数有一种普遍性的抱怨，即，生活中，我什么时候能用到代数？撇开许多直接涉及代数应用的工作不说，学习代数教给我们的，远不止一种求解未知数x值的方法，它本质上是一种理解数据运算的逻辑方法，这对每个人都是有益的。代数提供了一个极好的一般化机制，算术处理的是确定具体的数字，而代数提供的是“变量”，例如x和y。我们可以把变量理解为一种容器，将一系列数字放入其中，得到不同的结果。实际上，“代数方程”是一种处理数据的简单算法。然而，它们的雏形比今天的形式要简单。

代数的发展

可以说，代数始于3世纪希腊哲学家丢番图所做的工作。他研究了代数化的表达方式，尽管当时还没有表示运算符的专门符号，例如，他将$5x^4+2x^3-4x^2+3x-9$写作类似SS5 C2x3 M S4 u9的形式（当然，他使用的是希腊文，这个例子中S表示平方，C表示立方，x表示未知数，M代表减号，u代表单位1）。然而，他的工作基本上都是点到为止，并没有推广到现代代数中的一般形式。

阿尔·花剌子模的《代数学》把代数带到中世纪的欧洲，它在某种程度上与现代代数还不完全相同，因为它主要是以文字形式来表达如何处理或研究问题。16世纪，出现了“+”“–”“=”等符号，代数方程的运算也随之简化。但是花剌子模的重要性在于给出了方程求解的一般方法，他的简单方程将数学的发展向前推进一步。在数学发展中，下一项重大进步之一是微积分，很少有人对数学的贡献能像发明微积分这样如此巨大。

微积分

微积分使得计算某些连续变化的数量成为可能，如计算一些形状有趣的物体的面积或体积等。微积分的起源可以追溯到古希腊人，例如，古希腊人通过将圆分割成越来越多的三角形来计算圆的面积，但完整的数学方法似乎是由牛顿和莱布尼茨在17世纪独立完成的。

17世纪的微积分学提出了一些不确定的假设，这些假设后来得以修正，使其在数学上更加严谨。微积分非常适用于分析处理变化和空间相关的问题（现在更常被称为“分析”）。许多科学计算，特别是物理计算，在很大程度上依靠微积分方法的应用。

集合、群和无穷

运用并理解数学的本质至关重要，“集合”概念的引入同等重要。集合被认为是算术的基础，当其定义被扩展到一种特殊的形式时（“群”），集合的作用呈现出一种全新的状态，群中定义了一种由生成元产生群中其他元素的机制。某些群对处理对称性问题非常有价值，而对称性对理解自然至关重要。对称性在科学中的应用，始于历史上最伟大的女数学家之一——埃米·诺特，她发现对称性和物理学中的守恒定律之间有着直接的联系，没有对称性，就不可能有守恒定律。

集合也出现在最令人难以置信的数学研究领域，即无穷大。古希腊哲学家们当时已经在思考，当数字越来越大时会是什么情况。但在希腊语中的“无限”（apeiron），具有混乱和无序的含义。人们不认为它在数学上有什么真正的意义，而只是存在于假想、不必实际存在的东西。

当涉及处理由无穷多个无穷小的元素组成的集合时，微积分就被拓展到无限的形式。但在19世纪末，德国数学家乔治·康托尔将伽利略最初关于无穷的观点与集合论结合起来，研究了“实无穷”的一些性质，包括发现一个无穷大可以大于另一个无穷大。在这一部分中，我们会对这些主题展开陈述。

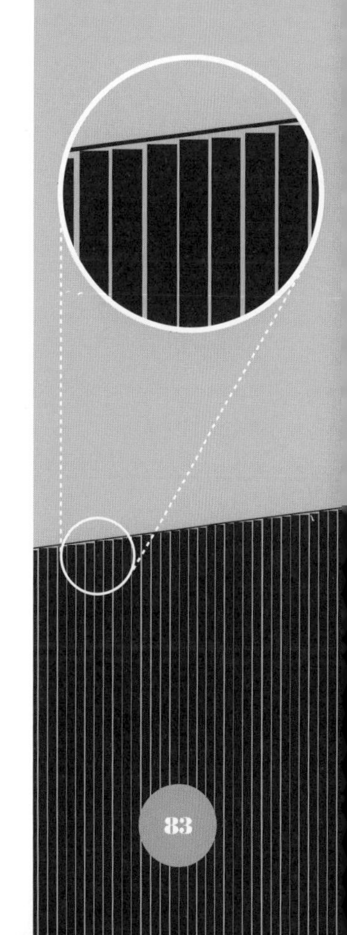

时间线

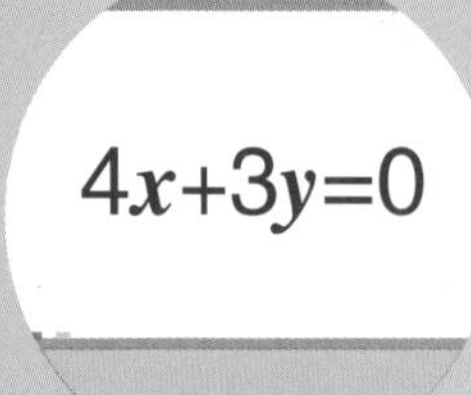

早期代数

希腊哲学家丢番图出版了13本算术方面的著作，其中包含了一系列代数问题，幸存的6本助推了欧洲代数的发展。费马在丢番图算术著作的空白处标注了关于费马大定理的说明。

约820年

阿尔·花刺子模

波斯哲学家阿尔·花剌子模撰写了《代数学》（关于移项和集项计算的书）。1145年，英国切斯特的学者罗伯特将其翻译成拉丁文。

1557年

加法和减法

威尔士数学家罗伯特·雷科德引入了“=”符号，他写道：“我将使用一对平行线……因为再没有像它们这样平直的东西了。”他还引入“+”和“-”符号，尽管当时这些符号在德国已经开始使用了。

1665年

牛顿和微积分

当时瘟疫流行迫使剑桥大学关门，英国数学家和自然哲学家牛顿不得不在林肯郡的家里待了两年。在这段时间里，他形成了对微积分的初步想法。

1684年

莱布尼茨与牛顿

德国数学家戈特弗里德·威廉·莱布尼茨在与牛顿会面后发表了自己的微积分版本。尽管证据不足，但24年后莱布尼茨依然被英国皇家学会指控为剽窃。不过，莱布尼茨的微积分符号已经成为标准，就连“微积分”这个名字也是莱布尼茨确定的。

1848年

无穷

波希米亚牧师、哲学家布尔查诺关于无穷的著作探讨了包括无限集合和序列方面的内容，这些著作是在其逝世后才公开发表的。在《无穷的悖论》中，布尔查诺在伽利略早期观察的基础上，为乔治·康托尔在无穷方面的开创性工作奠定了基础。

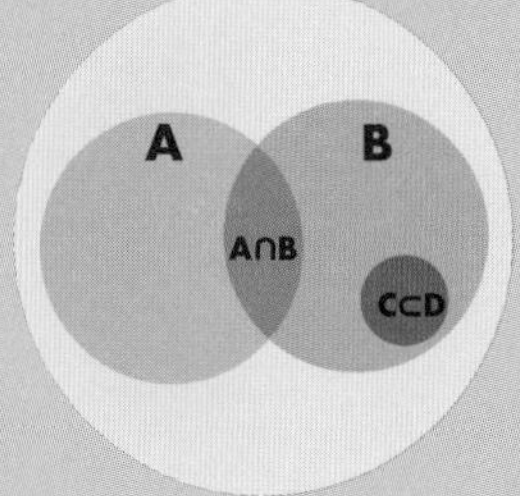

1874年

集合论

德国数学家乔治·康托尔率先发表了相关研究成果，这篇论文与随后一系列论文共同构建了集合论，这些论文为他后来的关于无穷大的研究奠定了基础。同时，数学中与数量相关的问题或研究，都建立在集合论的基础之上。

1915年

诺特定理

德国数学家艾米·诺特证明了她的“诺特定理”，即对称性和守恒定律之间的关系。这篇发表于1918年的论文，日后成为建立粒子物理学和物质作用力统一理论的重要论文之一。

人物小传

阿尔·花剌子模（约780—850）

关于阿尔·花剌子模生平的文献记载很少，他可能出生于巴格达。他是当时“智慧之家”中的一名学者，“智慧之家”是一所由哈里发阿尔·马蒙建立的学院，花剌子模的手稿《代数学》（代数一词起源于此）就是献给它的。马蒙对代数的兴趣部分与伊斯兰继承法的复杂性有关，花剌子模声称代数学知识能应用于“继承、遗产、分割、诉讼和贸易”等方面。书名原文中两个术语指的是通过合并同类项来简化方程。这本书同时使用了代数和几何方法，或许是受欧几里得《几何原本》的启发，以及其他一些希伯来语和印地语数学著作的影响。花剌子模还有一些关于天文学和地理学的论著，此外，他还有一部名作——拉丁语译作《印度计算法》。斐波那契的《计算之书》正式把阿拉伯数字引入欧洲（见p.38—39），而花剌子模在这本著作中介绍了阿拉伯数字，“算术”一词正是源于花剌子模的拉丁文名字。

艾萨克·牛顿（1643—1727*）

艾萨克·牛顿现在被认为是一位物理学家，但在他所处的时代，他一般被认为是数学家。他出生在林肯郡，1661年进入剑桥大学，毕业后不久，瘟疫爆发，剑桥大学关闭。牛顿声称，正是赋闲在家的那段时间，他萌生了很多日后使他成名的想法，其中包括微积分。重返剑桥后，牛顿于1669年成为卢卡斯数学教授（1979年史蒂芬·霍金成为卢卡斯数学教授）。两年后，他被选为英国皇家学会会员。在与学会实验室主任罗伯特·胡克闹翻之后，牛顿暂时退出了科学圈主流，直到17世纪80年代，天文学家哈雷说服牛顿开始研究行星运动问题。之后，哈雷还资助牛顿出版了关于运动和重力的数学杰作《自然哲学的数学原理》。1696年，牛顿执掌皇家铸币厂，此后除了在1704年根据几十年前的工作出版了《光学》外，牛顿在科学方面的研究进展甚微。

艾米·诺特（1882—1935）

艾米·诺特出生于德国巴伐利亚州，出生时取名阿马莉，但她始终更喜欢艾米这个名字。在校时，艾米·诺特对数学完全不感兴趣，她最初接受的培训，是打算日后从事教授语言方面的工作，然而她却成了一名杰出的数学家，这真是出人意料。1903年，她在埃尔朗根大学学习数学，并于1907年获得博士学位。1915年，德国数学家大卫·希尔伯特尝试推荐诺特获得特许任教资格（即德国学术界对教授职位的要求），但在当时，女性是不得担任教授职位的，希尔伯特特意向政府请求予以破例。真正使诺特跻身伟大数学家之列的工作，是她将对称性和物理守恒定律联系起来的定理。她证明了每一个守恒定律，比如能量守恒定律，都可以直接从某一方面的对称性中推导出来。例如，如果一个系统在连续旋转时保持状态不变，那么可以导出角动量，即旋转的“特性”是守恒的。诺特定理对20世纪物理学发展具有绝对的重要性。1933年，在纳粹统治下，诺特的犹太血统和本人对共产主义的支持导致她丢失了职位，并在移居美国两年后逝世。

乔治·康托尔（1845—1918）

乔治·康托尔出生于俄罗斯圣彼得堡，父亲是瑞典人，母亲是俄罗斯人，11岁时他随家人移居德国。1862年，进入苏黎世理工学院学习，但一年后父亲去世，又转入柏林大学。1867年获得博士学位，两年后任教于哈雷大学。当时，哈雷大学最知名的是音乐专业而不是数学。毫无疑问，哈雷大学是他进入柏林大学或另一所以数学见长大学的起点，但最终却事与愿违。康托尔的第一个重大发现是可以将直线上的无穷多个点与平面上或多维空间中的无穷多个点一一配对，关于这一点他本人也很难自然地接受。后来，康托尔建立了影响深刻的集合论，并在无穷点集工作的基础上扩展了超限数的概念。但他的工作遭到了以德国数学家利奥波德·克罗内克为首的反对者的驳斥。康托尔患有抑郁症，人生最后阶段几乎在疗养院度过。

方程

主要概念丨如果说数学起步于数字和算术，那么方程使得数学的发展一日千里。方程的原理很简单，即等号两端的量是相等关系。方程通常是代数形式的，即未知变量和常量的组合，当然这不是必需的。我们通常用天平来类比方程，天平处于平衡状态时，两端物体的重量是相等的，即便一端是苹果，另一端是金属。几何中也涉及方程，特别是当笛卡儿通过坐标系建立起几何与代数的联结后更为明显（见p.66）。许多几何形状可以用方程来表达，例如，一个简单的圆形可以用$x^2+y^2=r^2$来表示，其中r为半径。类似的，方程也可以来刻画三角函数，例如$x=\sin(y)$。当约束条件使方程中涉及的一个或多个变量（如上面例子中的x和y）只能取固定值时，这时的方程就可以求解。对多种不同的应用场景，求解方程通常都是行之有效的方法，如从计算银行账户利息到计算宇宙飞船的轨道。大部分情况下需要方程联立，即两个或多个方程组合在一起以确定未知变量的值。

四则运算；正整数
p.26。
笛卡儿坐标系
p.66。
基础代数学
p.90。

知识延伸 | 当方程数量与未知变量的数量相同时，方程组就可以求解。对于只有一个未知变量的情况，一个方程就可以确定变量的值。方程$2x=4$，两边除以2，很容易算出x的值。但对$2x+y=5$，有无穷多对x和y的值使方程成立。例如，y为1时，x为2；y为3时，x为1。但是，如果还有另外一个方程$x+y=3$，那么我们可以用$3-x$替换第一个方程中的y，则满足两个方程的x和y的唯一值分别是2和1。

逸闻趣事 | 古希腊人的数学专长集中体现在几何视觉和空间方面，所以他们没有发展出方程的概念，这也不足为奇。他们不仅不具备产生类似A+B=C+D形式的符号系统，而且当时也尚未引入空格来分割单词。所以，上述等式的表达方式很可能是一长串连在一起的字母。

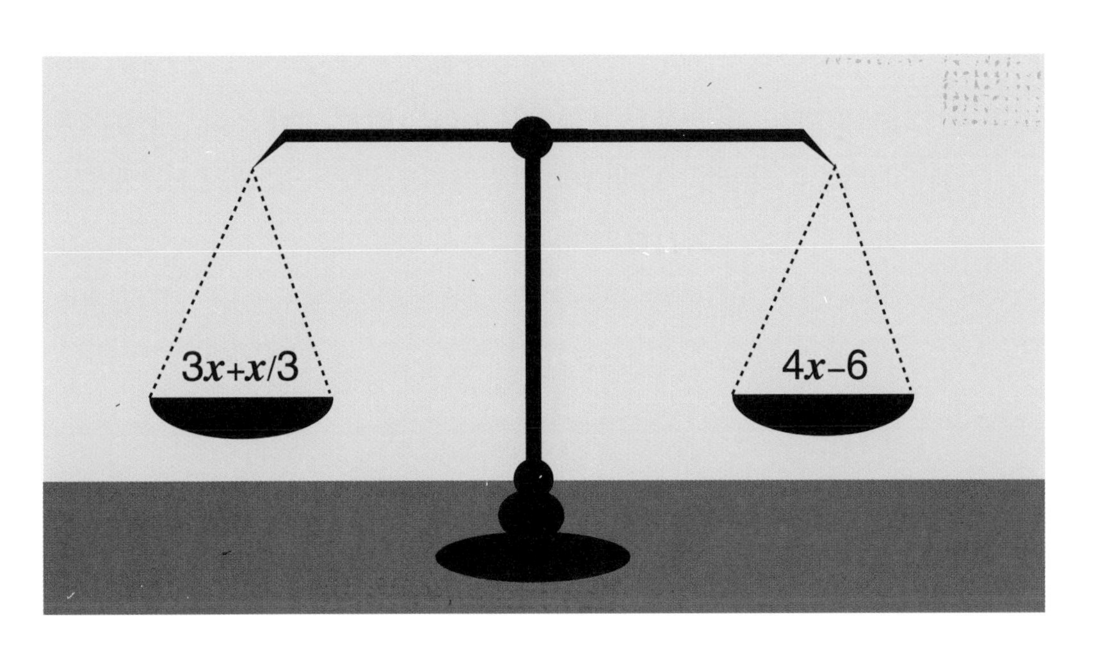

基础代数学

主要概念 | 基础代数学研究简单的含有一个变量的代数方程，如$3x+4=0$，或二次方程$3x^2+8x+4=0$；也包括含有多个变量的方程，如$4x+3y=0$或$4xy=0$。当把某个过程用方程来表示时，我们可以通过求解代数方程来解决相关问题。对于单变量方程来说，解的个数取决于方程的“阶数”，即方程中未知变量的最高次数。所以$3x+4=0$的阶数是1（因为$3x$即$3x^1$），因而方程只有一个解，通过简单地在方程两边减去4，即$3x=-4$，然后方程两边再除以3，得$x=-4/3$。对于二次方程，如$3x^2+8x+4=0$，就有两个解，二次方程可以通过将其分解为两个一次方程的乘积来求解。这个例子中，方程可分解为$(3x+2)(x+2)=0$，x取值$-2/3$时，第一个括号项的值为0；x取值-2时，第二个括号项的值为0。因此，这两个值即为方程的解。一般情况下，我们用公式来计算二次方程的解。

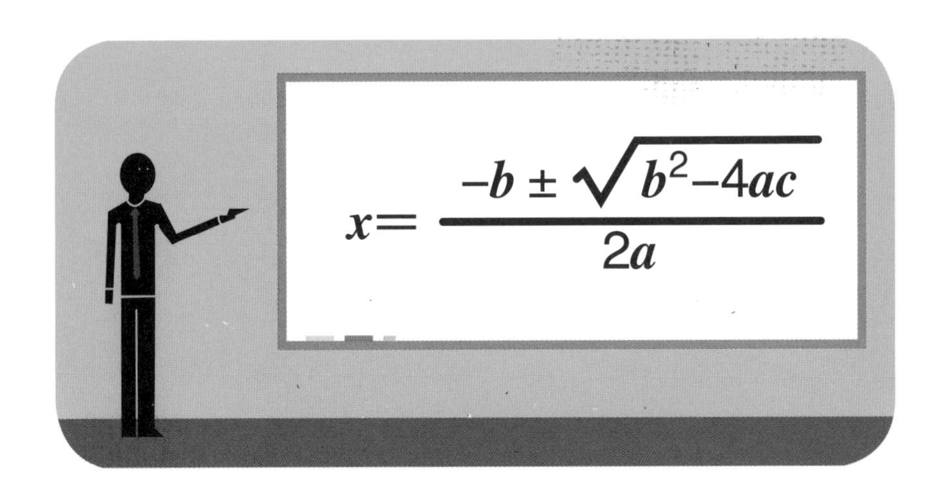

知识延伸 | 尽管二次方程在学校的数学课程中占有重要地位，但它的应用相对较少，我们最好把它看作是熟悉代数学的一个引子。2003年，英国全国教师联合会反对小学阶段教授方程，认为这对学生来说太过残酷，数学家们还是为之辩护，他们列举一些应用实例，如方程过去曾被用来计算农作物产量，2的平方根（例如，欧洲纸张A系列尺寸中的长宽比值）即简单的二次方程$x^2=2$的解。在大的方面，如关于重力和电磁的平方反比定律都是二次方程的形式。

逸闻趣事 | 给定长方形的面积和周长来确定边长的这类问题涉及二次方程，尽管问题的提出最早可以追溯至大约4000多年前，但到了628年，印度数学家婆罗门笈多才给出二次方程求解的第一个显式公式。到了9世纪，波斯数学家阿尔·花剌子模发现了我们如今熟知的二次方程求根公式。

幂、方根与对数
p.34。
方程
p.88。
线性代数
p.92。

线性代数

主要概念 | 单纯从名称判断，线性代数感觉就像是一种简单无用的代数形式，因为它只涉及一次项的加法而不涉及幂。最简单的形式如$3x=6$，或更一般的形式$3x+4y-7z=0$。实际上，很多重要的数学方法都建立在线性代数基础之上，如向量空间和矩阵的运算，其中，向量空间是指一些同时具有数值和方向的量的集合，矩阵是指由数组成的方形阵列，矩阵运算以矩阵为基本单元，建立矩阵上的算术系统。向量和矩阵在现代物理学中有广泛的应用，如向量在场论中用来表示作用力，而矩阵对粒子物理和量子物理中的对称性研究至关重要，特别是矩阵理论中的特征值和特征向量的应用。特征向量是一个特殊的单列矩阵，它可用来刻画线性变换，即一个矩阵与其特征向量的乘积，结果为其特征向量的倍数，这个倍数称为特征值。

知识延伸 | 特征值和特征向量在量子物理学中很常见，但同样也应用于谷歌的PageRank算法，用来对搜索结果排名。PageRank算法（据说根据谷歌创始人Larry Page的名字来命名）根据指向网页的页面数量以及这些页面的排名情况对网页进行加权，例如，如果作为CNN的可信网站链接到您的网页，则该链接的权重要比来自微博的链接更有价值。但要想获得CNN的排名，前提是必须对每个指向它的网站完成排名。该算法建立了一个对应的排名矩阵，这是一项较为复杂的任务。特征值为1的矩阵，其特征向量即每个页面的排名分数。

方程
p.88。
向量代数及其微积分
p.104。
矩阵运算
p.134。

逸闻趣事 | "Eigen"是一个德语单词，意思是"适当的""特殊的"，或"特征"，它在"特征值（eigenvalue）"和"特征向量（eigenvector）"这两个词中略显奇怪的跨语系用法，可能与数学和物理学关系最紧密，这与水门事件后"门"这个后缀词的用法相似。除了特征值、特征向量之外，还有特征函数、特征负载、特征周期、本征解、特征态、本征音和本征振动等用法。

无穷

主要概念 | 无穷可以有两种理解方式：一种是永远达不到的极限；另一种是一个无限集合（即不存在最后一个元素）的大小。亚里士多德认为无穷就像奥林匹克运动会，它显然是存在的，但无法把它展示给你，除非它正在当下举行，所以说它是一个潜在的东西。亚里士多德认为无限也是一个潜在的实体，它是存在的。例如，整数没有尽头，因为假设有最大的整数，那么我们可以简单地给它加上1，就得到一个更大的整数，但无穷并不是一个直观的概念。正是这个潜在的无穷（用符号“∞”来表示）建立起了微积分中极限的形式。伽利略在他的物理学杰作《两种新科学》（1638）中，对无穷作了讨论，并真正触及到了一些本质。伽利略指出了无穷大的一些看似奇怪的性质，如无穷大加上1仍然是无穷大，无穷大的2倍仍然是无穷大等。伽利略还指出，两个无穷集合的大小可以看起来既相同又不同，例如，整数的平方集合与整数集合大小相同，因为每一个整数可以与整数平方集合中的数一一对应，尽管有很多整数不包含在整数平方集中，如2、3、5、6、7、8、10等。

知识延伸 | “希尔伯特旅馆”问题可以展示出无穷的一些奇特性质。这是一个用德国数学家希尔伯特名字命名的问题：假设一个旅馆有无穷多个房间，旅馆已经客满了，但这并不成问题，让1号房间的人搬到2号房间、2号房间的人搬到3号房间，以此类推，原来的每个人都有房间住，同时还空出了1号房间；如果来了一辆载有无穷多个新客的车，那也没问题，让入住的所有人都搬到房间号为偶数的房间，即1号房间的客人搬到2号房间，2号房间的客人搬到4号房间，3号房间的客人搬到6号房间，以此类推，房间号为奇数的无穷多个房间就可以空出来给这些新客了。

逸闻趣事 | 德国数学家乔治·康托尔发展了集合论的同时，还研究了伽利略提出的“实”无穷，并引入两个符号来区分实无穷与潜无穷，用希伯来文字母表的第一个字母 χ 来表示基数无穷（可数无穷），用小写的 ω 来表示序数无穷，即序数列第一、第二、第三……的极限。

数列
p.32。
集合论
p.106。
超穷数
p.108。

阶乘与排列

主要概念 | 许多代数问题使用的都是简单的算术运算，但有些稍作拓展的运算在实际应用中非常有用。阶乘是一种重复运算的简称，用感叹号来表示，它用一系列逐次递减1的乘数与给定的一个正整数相乘，直到乘数降为1为止（按惯例，规定0！为1）。就数学符号而言，这是一种现代符号，于1808年引入。例如，5！（读作“五的阶乘”）为5×4×3×2×1=120。阶乘增长的速度非常快，10！已经达到3628800。阶乘最多的应用是排列问题，即研究一组对象有多少种不同的排列方式。例如，如果我们有A、B、C三个对象，它们可以被排列为ABC、ACB、BAC、BCA、CAB和CBA，即有6种排列方式，6也即3！。类似的，A、B、C、D四个对象可以有24（即4！）种排列方式等。阶乘常常作为除数出现在组合问题中，组合问题研究从一组对象中选取一部分，且不考虑选取对象的排列次序（生活中的密码“组合锁”严格来讲，应该为“排列锁”）。非整数也有阶乘的概念，但需要利用微积分来计算，而且应用也不多。

逸闻趣事 | 感叹号（程序员称之为“尖叫”）并不受所有人的欢迎。英国数学家奥古斯丁·德·摩根抱怨道：“最糟糕的野蛮行为之一就是在数学中引入一个新的符号，而这个符号在自然语言中已经被人们广泛接受……阶乘的简称n！……，看起来像是在对这个符号中内蕴着2、3、4等这件事儿表达钦佩之情一样。”

知识延伸 | 我们常常需要计算组合数，比如，从一组对象中选取3个，如果不考虑选取的顺序，到底有多少种选取方式呢？假设我们有L个对象，从中挑选了s个，那么剔除剩余部分不同排列导致的重复，共有$L!/(L-s)!$种选取方法，不考虑选取s项的顺序，以上表达式还需要除以$s!$。如，从6个对象中选择3个项时，总的选择方式为6！/3！=120种，忽略顺序，需要再除以3！，结果为20。数学表示式为：

$$\binom{n}{k}=\binom{6}{3}=\frac{n!}{k!(n-k)!}=\frac{6!}{3!(6-3)!}=20$$

如果将n设为59，k设为6，计算结果是45 057 474，这就是彩票中59选6获奖的概率。

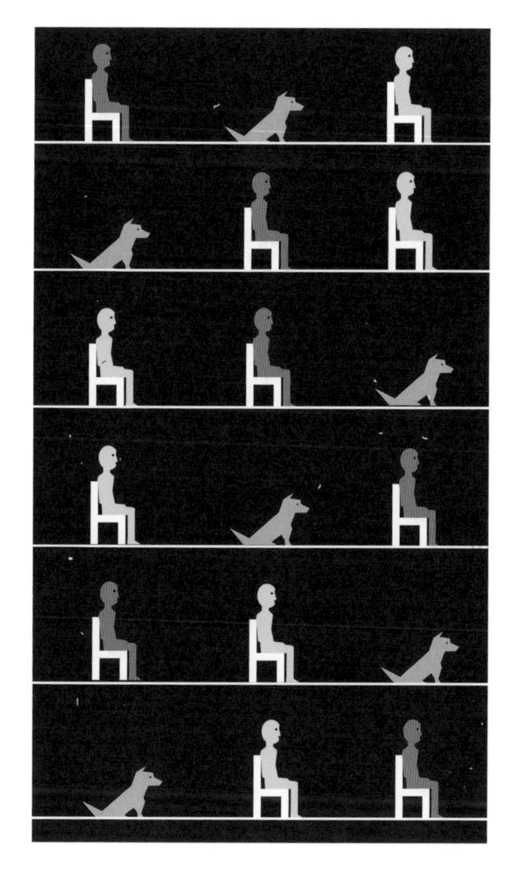

数字
p.22。
集合论
p.106。
概率论
p.124。

微分

主要概念 | 艾萨克·牛顿的杰作《自然哲学的数学原理》为我们论述了牛顿三大运动定律和他关于引力的研究，书中主要应用了几何学的语言，但是为了推导部分结论，牛顿使用了一种新的方法，他称之为“流数术”，现在被称为微积分。“微积分”这个词源自牛顿的对手戈特弗里德·威廉·莱布尼茨。在微积分中，“微分”和“积分”（见p.100）是有区别的，两者互为逆运算。微分用来计算一个变量相对于另一个变量的变化率。例如，假如要计算一辆汽车的加速度，如果汽车的速度平稳增长，速度与时间的关系是一条直线，加速度就是“速度—时间”直线斜率。但是，如果速度随着时间的平方而增长，那么速度与时间的关系就变为一条曲线。想象一下，将曲线中极小的一部分放大来看，它可以近似为一条直线，我们可以像之前的情况一样使用这条直线的斜率。微分需要越来越小的分段，在“极限”处，可视为无穷小，在极限点上，我们就可以确定相关量的实际值。当一个值（该例中是速度）随另一个值（该例中是时间）变化时，微积分是处理这类问题的一种非常强大的工具。

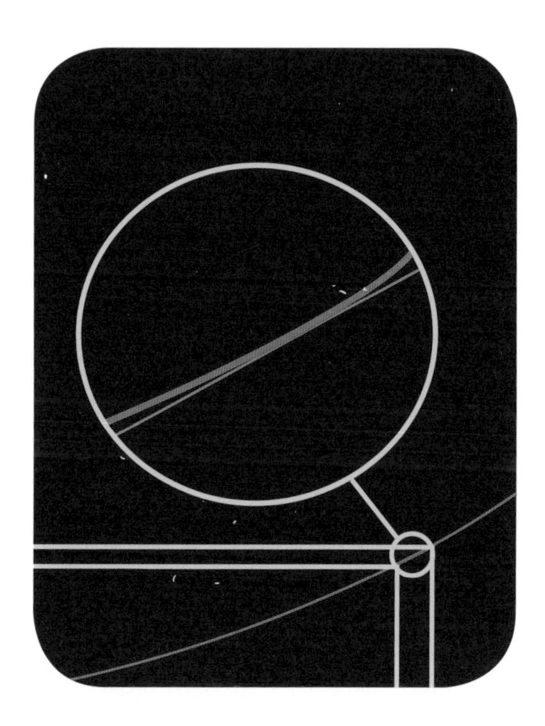

基础代数学
p.90。
积分
p.100。
向量代数及其微积分
p.104。

知识延伸 | 在牛顿的“流数术”方法中，使用了“带点符号”，即在一个量的表示符号的上方加一个点来表示这个量的变化率，这种表示方法难于阅读，并且微积分中的许多方程都不涉及时间变量。在莱布尼茨的计数法中，x随时间变化记为dx/dt，而x随y变化表示为dx/dy。这两种方法都涉及一个可以忽略不计的低阶无穷小量（莱布尼茨表示为δx，牛顿表示为o），并可以用简单的规则来处理。例如，如果$y=2x^3$，对它进行微分，我们得到$dy/dx=6x^2$，即乘指数的同时，指数减1。

逸闻趣事 | 牛顿的同事约翰·基尔发表过一篇声讨莱布尼茨（微积分的共同发明人）剽窃的文章，莱布尼茨对此深表失望，并要求英国皇家学会还原事实真相。英国皇家学会为此成立11人专委会，专委会选择了站在牛顿一边，这并不奇怪，因为调查报告的结语正是由英国皇家学会的主席——牛顿本人书写的。

积分

主要概念 | 微分使用极其微小的变化来观察一个变量相对于另一个变量的变化，积分将一个几何形状分割成极窄的条状来计算总面积（高维的情况也类似）。例如，要计算一个圆的面积，可以把圆分成许多条状，如果分割得足够细，窄条的顶部和底部的圆弧会越来越接近直线，分割成无穷多个窄条时，就会得到圆面积的精确值。无穷极限的思想出现以前，古人已经学会了用窄条长方形去作近似计算。积分是微分的逆运算，由于“积分”涉及条形面积的相加，所以用*S*来表示“和”，*S*被拉伸形成一种括号∫，通常用小数字标记在积分符号的顶部和底部，用来表示相关变量的取值范围。积分既可用于求面积和体积，也可以广泛应用于物理学中，用于计算微分类运算的逆过程。例如，给定一个运动物体变化的速度，积分可计算出物体的运动距离。

知识延伸 | 牛顿和莱布尼茨提出微积分时，哲学家乔治·伯克利主教指出，这种方法存在严重的问题，因为其中常常涉及两个小量相除，每个量都可以趋于0，而零除以零是没有意义的。当时，由于微积分方法非常奏效且极其有用，这一点被掩盖了很长时间。数学家奥古斯丁·路易斯·柯西和卡尔·魏尔斯特拉斯都对该方法进行了改进，直到彻底解决该问题。因为这个商的形式不是最终计算结果，而是极小量趋于0这个过程的极限，而实际上却从未真正达到过零。

圆锥曲线
p.60。
微分
p.98。
向量代数及其微积分
p.104。

逸闻趣事 | 积分过程常常涉及积分区间趋于无穷的情况，这往往会产生一些有趣的结果。当x大于1时，让$1/x$的图形围绕x轴旋转一周形成一个长尖形的几何体，称为加百利号角，它有一个奇特的性质，即具有有限体积，但它的表面积却无限大。

函数

主要概念 | 瑞士数学家莱昂哈德·欧拉正式提出现代意义上的函数概念，这是一个非常强大的数学概念，它将“黑箱”运算应用于数或更复杂的数学结构。包含变量x的函数计为$f(x)$，读作“fx”。该函数可以包含任何用x构造的数学结构。它的形式可以非常简单，例如$2x$，在这种情况下，无论x取何值，$f(x)$都是该值的两倍，但它也可能是一个关于x的长达1000行的数学表达式，我们用$f(x)$来代替这个表达式。计算$f(x)$的值时，只需把x的值代入这个数学表达式即可。函数就像连接输入（定义域）和输出（值域）的一个映射。函数在数学和物理中的应用司空见惯，在现实物理世界中也有类似函数的东西。例如，一台烤面包机上有一个刻度盘，刻度盘的不同位置对应着面包烘烤的程度，那么面包的烘烤程度便是刻度盘位置的函数。函数也是计算机程序设计语言的主要机构化单元。与函数密切相关的是算子，实际上，算子是一种将函数作用于整个变量集合或空间的机制。

知识延伸 | 计算机程序通常是用程序语言编写的，程序语言是程序员和计算机处理器0、1运算之间的媒介。人们很快意识到，将处理特定问题的程序代码作为独立模块固化的做法非常有用，这些模块可以在程序中多次使用，还可以为其他程序所调用。这类子程序大多数被称作函数，与数学中函数的作用一样。把参数的值输入函数中，产生相应的输出，就像x的值被输入$f(x)$中一样。

逸闻趣事 | “函数”对应的英文为“function”，普通人对这个词的理解是“某物具有某种功能”。数学中的“function”定义更加具体化，是指去完成一项任务。函数最初由莱布尼茨提出，用于描述曲线和直线的关系（如切线），但真正给出现代意义上函数定义的是约翰·伯努利（见p.120）。

幂、方根与对数
p.34。
方程
p.88。
微分
p.98。

向量代数及其微积分

主要概念 | 标准的代数和微积分处理对象是“标量”（即数）及其变化方式。然而，自然界中很多量都属于向量，它们既有大小又有方向。19世纪，人们认识到，对标量运算有效的数学也可以扩展到向量。初等向量代数与线性代数密切相关，向量的微积分通常被用于描述场的变化，场中的每个点都有相应的向量值。向量代数最简单的运算是加法，由于向量既有大小又有方向，向量的加法可以通过操作两个带箭头的线段来完成，将向量对应两个箭头依次首尾相接，则连接第一个向量的起点和第二个向量的终点即为求和的结果。向量演算有三种主要运算：梯度、散度和旋度。梯度相当于微分，但也可以同时用于标量场中；散度作用在向量场的点并生成标量场；旋度则测量向量场中每个点的旋转量。向量微积分对于计算从热流到电磁效应等方面应用都非常重要。

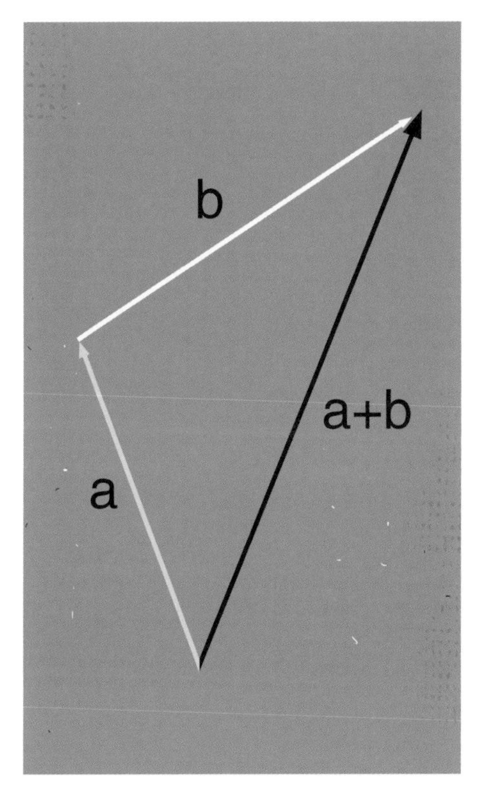

知识延伸 | 向量的微分算子用▽来表示，读作“del”——它是颠倒的大写希腊字母Δ（读作“delta”），该符号有时也读作“nabla”，因为它类似于古希腊竖琴的形状。梯度grad（f）直接用符号▽f来表示，用点表示向量的“点积”，则div（▽·F）生成一个标量；用×表示“叉积”，则旋度curl（▽×f）生成一个向量。标准微分的逆运算是积分，向量微分同样也都有其逆运算即向量积分。

逸闻趣事 | 术语梯度、散度（或者确切地说，其相反的概念是收敛性）和旋度是由麦克斯韦在处理“四元数”时发明的。麦克斯韦最初想采用“缠绕”（也考虑过回旋、扭曲和转动等词语），但他最后决定使用“旋度”一词，因为他觉得数学家可能认为“缠绕”一词“太活泼了”。

线性代数
p.92。
微分
p.98。
积分
p.100。

集合论

主要概念 | 尽管集合论的发展要比算术晚，但集合论却是现代数学的基石。集合是指一组对象的集体，这些对象称为集合的成员或元素，它们可以是物理对象（例如，所有大象组成的集合），也可以是集合本身。整数是通过集合语言来定义的，0对应空集，即一个不包含任何元素的集合，用Ø表示；1对应只包含空集一个元素的集合，即{Ø}；2对应的集合包含空集和包含空集的集合：{Ø，{Ø}}……以此类推。“子集”本来是集合论中的一个术语，如今已经成了一个日常词汇。子集是由较大集合中的一部分元素组成的集合，例如，偶数是整数的子集。与数理逻辑一样，集合和子集可以用韦恩图来表示，其中∩表示交集，⊂用来表示子集。虽然集合论是基于逻辑方法建立的，但它所赖以建立的基本公理之一，即选择公理，其本身的合理性就很难证明，允许一个集合可以作为其自身的元素，这显然是一个悖论。尽管如此，人们普遍接受，集合论为现代数学提供了最好的基础理论。

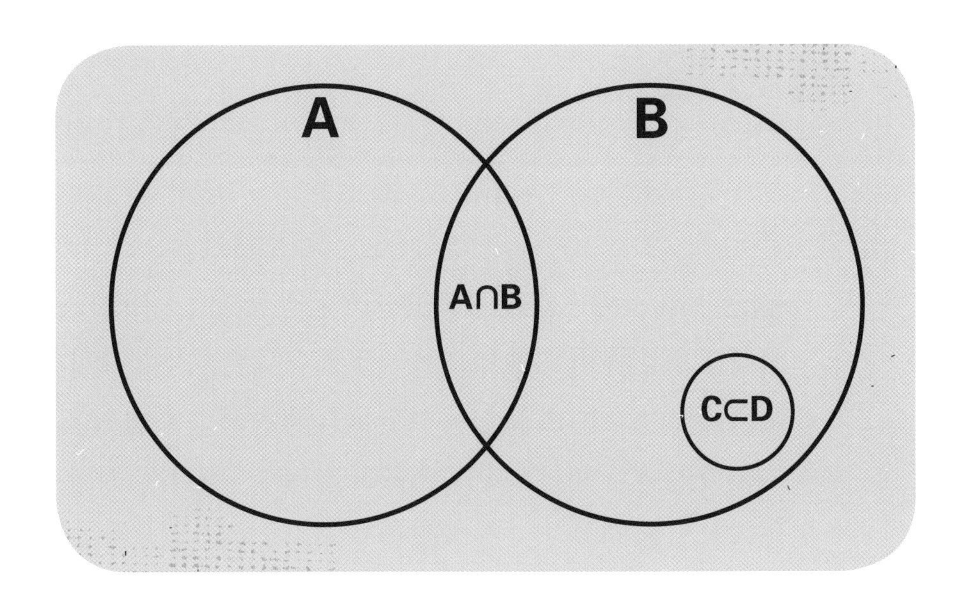

知识延伸 | 哲学家伯特兰·罗素定义了一个特殊集合，即如果一个集合不属于其本身，那么就定义这个集合在这个特殊的集合中。罗素借助这个特殊集合来说明集合论存在的悖论。允许集合可以属于该集合本身，例如，由“所有汽车”组成的集合不属于“汽车”集合本身，因为集合不是汽车，那么由所有汽车组成的集合就属于罗素定义的这个特殊集合，前提是我们愿意接受集合是一个东西。问题是这个特殊的集合是否属于这个特殊集合本身呢？如果属于，那么根据定义，这个特殊集合不属于其本身；如果不属于，那么这个特殊集合又属于其自身，这有点像解释“我在说谎”这句话。

逸闻趣事 | 不能用集合论公理来解决这个悖论，并不能否认集合论是数学的基石。数学家库尔特·哥德尔在“不完备定理”中证明，对于一个非平凡的数学系统，不存在一致的公理系统使其中所有的命题都可以被证明为真，总存在例外。

数字
p.22。
数理逻辑
p.44。
群论
p.112。

超穷数

主要概念 | 从定义来看，似乎没有比无穷更大的东西了，但乔治·康托尔不这样看。他用“势”来衡量集合的规模大小，一般通过将给定集合的成员与另一个集合的成员一一配对的方式来确定集合的势，如果两个集合的元素可一一配对，那么这两个集合就具有相同的势。整数集合是无穷大的，将整数集合的无穷大作为研究起点，康托尔证明了有理数集合与整数集合具有相同的势。他设想了一张包含所有有理数的表，并通过某种路径实现对整个表格元素的遍历，p.109图中的箭头方向是一种可能的路径，按照此路径，每一个有理数都可以和整数作一一配对，康托尔将此类无穷集合的势定义为χ_0（读作“阿列夫零”）。他还用类似方法研究了由0和1之间所有实数组成的集合的势，假设我们已经有一个列表涵盖了0和1之间所有实数，且这个列表能够与整数集合一一配对，康托尔作了如下操作：选取列表中第一个实数的第一位数字、第二个实数的第二位数字……以此类推，并且将得到的这列数字中的每一个都加1，那么按照这个方法产生的新数字不在原有列表中，这说明0到1之间的每个实数不能与整数一一配对。这个超穷数定义为ℵc，其中c是“continuum”（连续统）的首字母。

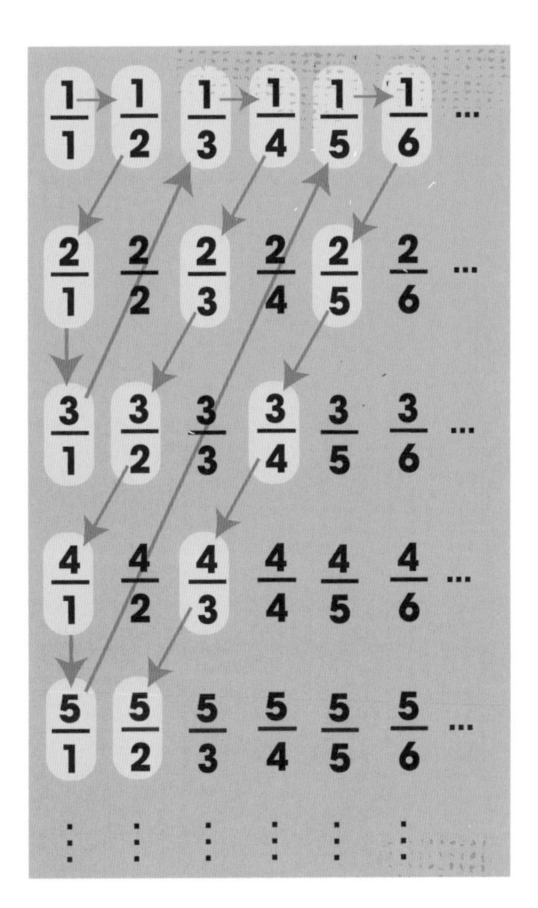

知识延伸 | 康托尔苦思冥想很久，试图确定$\aleph c$是否与χ_1相同，χ_1即紧接着χ_0其后的下一个超穷数。他证明了$\aleph c$与χ_0是幂集势的关系，幂集是指一个集合的所有子集组成的集合，如果一个集合的势为n，则它的幂集的势为2^n。但康托尔无法证明$\aleph c$是否为继χ_0之后的下一个超穷数，加之数学家利奥波德·克罗内克对此强烈反对，所有这些使康托尔的精神问题日益严重。康托尔永远不会知道，他之后的数学家库尔·哥德尔会证明，证实康托尔所考虑的问题（即连续统假设）正确与否本身是一件不可能的事情。

逸闻趣事 | 序数的超穷数有自己不同的结构，当考虑顺序时，很难建立起一对一的配对关系。集合{a1，a2，a3…}和{a2，a3…}的序数值都为ω，{a2，a3…a1}的序数值为ω+1，康托尔建立了一个完整的序数超穷数的分层结构，包括ω递增到ω的ω次方，即ω^ω被称为ε_0等。

数列
p.32。
无穷
p.94。
集合论
p.106。

对称

主要概念 | 在一般的英语用法中，“对称”是指镜像对称，其中一个视图的一侧是另一个视图的镜像。像A和T这样的字母是镜像对称的，而R和G则不是镜像对称的。但是在数学中，对称具有更广泛的定义，即如果某个对象在经过任何变换后仍然保持不变，则称其为具有对称性。例如，旋转对称，即如果某物经旋转之后，仍然看起来未发生变化，则称其为旋转对称。圆具有完全的旋转对称性，因为它可以在平面上旋转任意角度都保持不变，而正方形只有旋转90度时才具有旋转对称性。另一个例子是平移对称，即视角沿着某个方向移动后，某物看起来保持不变。例如，一个具有重复模式的对象具有平移对称性，而随机模式的对象则没有平移对称性。变分法是数学的一个分支，其中，德国数学家艾米·诺特在数学上证明了，如果一个系统具有数学意义上的对称性，那么在这个系统中必定有一个物理性质保持守恒。例如，如果空间存在平移对称，则动量必须守恒，而时间存在平移对称，则能量守恒。

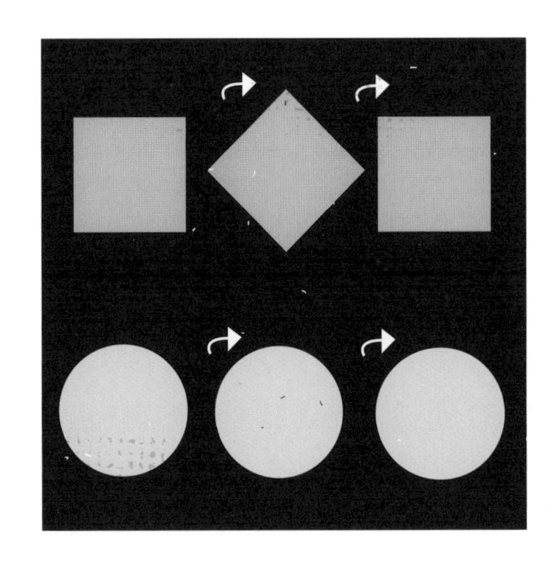

知识延伸 | 诺特对称定理使用了变分法，变分法经常被用来寻找最大值和最小值，而且在最小作用量原理中至关重要，这个原理是物理学的核心理论之一。例如，牛顿运动定律可以用该理论表述为：运动物体将沿着使动能与势能之差的积分最小路径运动。相关的“最短时间原则”则认为，光将选择耗时最短的路径传播，这就是为什么光从空气进入水中时会弯曲，它在传播较慢的介质中耗费更短的时间。

逸闻趣事 | 由于诺特的贡献，对称性和对称性破缺成为驱动20世纪物理学的最大动因之一。例如，正是基于对称性考虑，人们提出了质子可分的观点，而在这之前，质子被认为是基本粒子。在电磁和弱核作用力的统一理论，即电弱理论中，对称性也是至关重要的部分。

透视与射影
p.64。
积分
p.100。
群论
p.112。

群论

主要概念丨在英语中，集合和群两个词的意思差别不大，但数学家倾心于事物的精确性，他们用“群”来表示一种特殊的集合，这类集合包含一种运算，集合中任意两个元素运算的结果仍然在这个集合中（群的定义还有其他一些条件）。所有的整数集合就是一个群，因为对两个整数使用加法运算后仍然是一个整数；同余算数中涉及的整数集也是一个简单群的例子。群建立起集合与对称性之间的桥梁，某个具有对称性的（数学意义上）对象，通过矩阵可以定义对应的对称群，在对称变化下该对象保持不变。有一个描述不同对称群的标准符号，例如，球体旋转的对称群叫作SU（3）。对称群在物理学中特别重要，例如，李群在粒子物理中处理连续对称性（例如球体的对称性，而不是镜像对称性）问题时非常有用。

知识延伸丨夸克，即组成质子、中子和介子的基本粒子，夸克模型的诞生与对称群的应用密切相关。物理学家已经证实了基本粒子的对称性，这与粒子奇异性和同位旋两个特殊的性质相关。如右图所示，这些粒子按照8个一组的方式分布，夸克概念的提出者默里·吉尔曼根据佛教中的说法将之称为“八重道”。从数学角度上看，这些模式很容易使我们联想到对称群SU（3）。吉尔曼提出，满足SU（3）对称的共有3种夸克，即上夸克、下夸克和奇异夸克，后续又增加了粲夸克、顶夸克和底夸克。

逸闻趣事丨群论早期的奠基者是一位多少有些悲剧色彩的法国数学家——伽罗瓦，他将这种数学结构命名为“群”，并发明了伽罗瓦群，通过伽罗瓦群把群和域联系起来。据说可能是因为一名叫莫特尔的年轻女子，伽罗瓦陷入一场决斗，身亡时年仅20岁，如果不是这样，伽罗瓦无疑会在数学之路上走得更远。

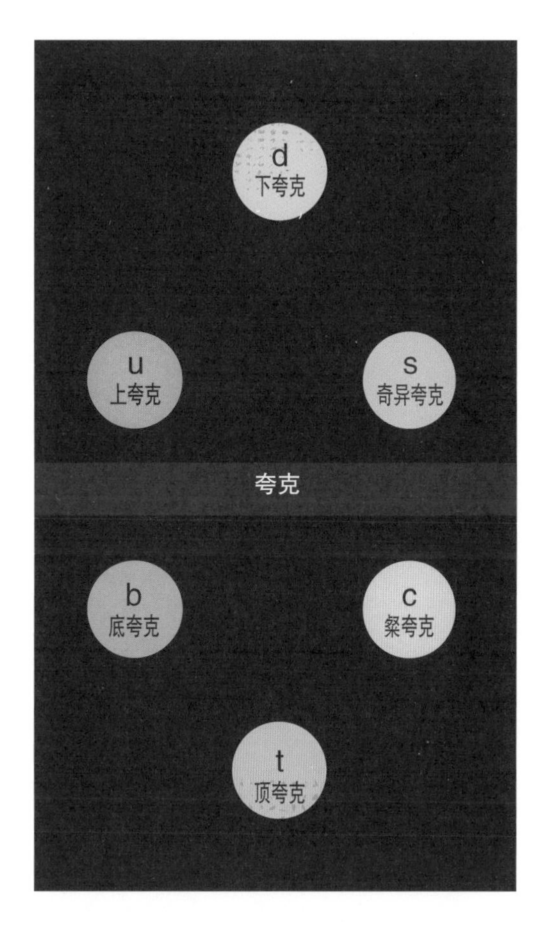

集合论
p.106。
对称
p.110。
矩阵运算
p.134。

“如果你想成为一名物理学家，必须要做三件事情——第一是学习数学，第二是学习更多的数学，第三，仍然是学习数学。”

索末菲在接受柯克帕特里克采访时如是说，
引自丹尼尔·凯夫利斯《物理学家》（1978）。

第4部分

应用数学

引言

建立一个独立于现实世界的数学体系是一件完全有可能的事情，数学虽然起源于我们对熟悉的客观世界的感知，但时至今日，数学早已脱离了具体的物质世界。只要一个数学系统是自洽的，不存在相互矛盾，你尽可以在这个体系内随心所欲。例如，你希望令2+2=5也可以，前提是和其他方面不产生冲突。

虚幻的世界

我们已经了解了数学中很多“虚幻”的方面，例如在物质世界中，并没有与负数的平方根相对应的事物，甚至连负数的概念也不是显而易见的。虽然现实空间是四维的，但数学家们却乐于在维数上千的空间中研究问题。无穷大有没有客观实例也没有定论。所以，许多数学家把精力集中在一个看似孤立的数学世界中，除了智力上的挑战外，似乎毫无裨益。正如威格纳的观点“大多数高级的数学概念……都是数学家精心设计出来的，用以彰显他们的聪明才智和形式之美”，也如他所言，数学在自然科学中具有一种“看似不合理的高效性”。那些大部分建立在高度理论化基础上的结构，实际上都非常有用。

已故的著名物理学家史蒂芬·霍金在剑桥的工作部门不是物理实验室，而是应用数学和理论物理系，这并不奇怪。现代物理学是由数学驱动的，以至于许多物理学家与纯理论数学家似乎难以区分，他们所沉浸其中的诸如黑洞防火墙、超弦的世界，目前为止还尚未有确切的科学证据支撑，而仅仅是数学层面的挑战。同样，构成我们现代世界基础的信息和计算体系结构的核心也是数学。

现实世界中的数学

本书经常将物理学和计算机科学作为数学应用的例子，但在这一部分我们将会看到一些更通俗和贴近生活的应用场景。从博彩公司计算赛马赔率，到精算师设定保险费（或者近来的一些傻瓜式算法），或者是天气预报员预报天气情况，这些工作的核心部分都是数学。

甚至像经济学、社会学和心理学等“软”科学也经常使用数学来模拟经济或刻画人类的行为，这些在概率论和统计学出现之前，都是不可能的事情。概率论和统计学不仅助博彩业和保险行业人员一臂之力，而且对用数字来刻画人类的一般行为至关重要。运筹学是一个不太为大众所知的数学领域，它形成于第二次世界大战时期的军事应用，但此后被扩展到诸如从制定最优排序方案到航空公司航线规划等很多领域。

所有这些应用领域最初使用的都是数学家传统的工具——纸和笔，但第二次世界大战之后应用数学越来越多地涉及使用计算机来处理那些非手工操作能力所及的分析和计算。有一则轶事，据说早期机械计算机的发明者查尔斯·巴贝奇，在帮他的朋友约翰·赫舍尔制作一张数字表时，因其极度烦琐而激发了他制造机械计算机的念头。据说巴贝奇曾痛苦地大叫“天哪！赫舍尔，真希望这些琐碎的计算可以用蒸汽来完成！”

不过，值得注意的是，计算机不光是应用数学家手中的工具，其本身也高度地依赖数学。电子计算机是0和1的海洋，执行着某些固定的数学运算，计算机（或者你口袋里的智能手机）就是应用数学的一个典型例子，从数字和逻辑的操作转变为为现代技术提供一系列让人晕头转向的应用。

在这一部分中，我们将看到数学对人类行为的影响，以及纯理论数学家的奇思妙想是如何被引导的。无论是人们所揭示的驱动量子理论背后的随机性，还是解释从股市到天气的种种现象背后的混沌理论，我们将看到原始的数学力量似乎能够征服这个有序的世界。应用数学似乎被纯理论数学家所不屑，但对我们其他人来说，他们所不屑的东西，正是可以解决问题的东西。

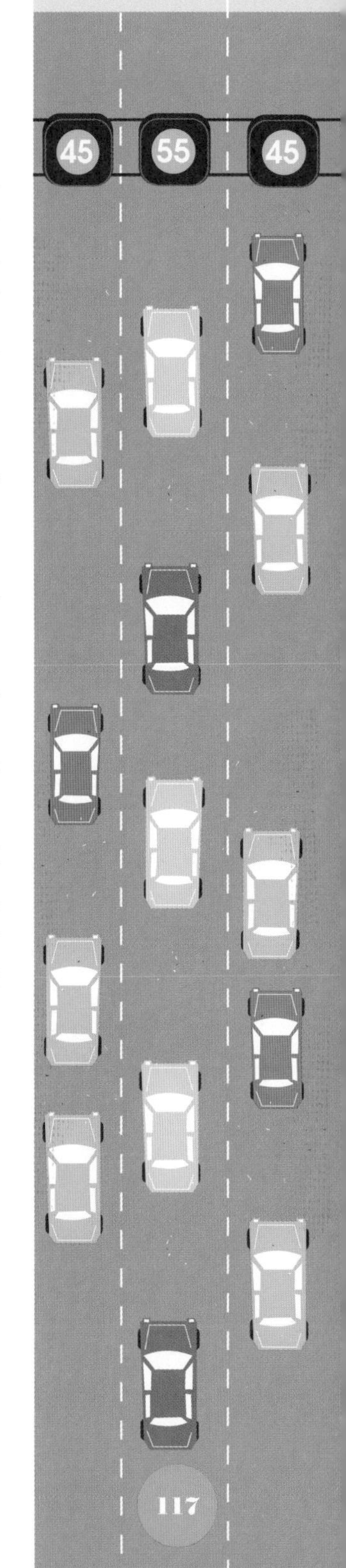

时间线

概率论

吉罗拉莫·卡尔达诺的《游戏概率论》在其写成的100年后，也即他逝世87年后得以正式出版，这是首次对概率论作出的正确阐释，但由于主题涉及赌博和欺骗，最初并未引起多大反响。

傅里叶级数

法国数学家傅里叶在其著作《热的解析理论》中提出傅里叶级数（也被称为傅里叶变换）的概念，证明了复杂的、不连续的波形可以分解为连续的简单波形。

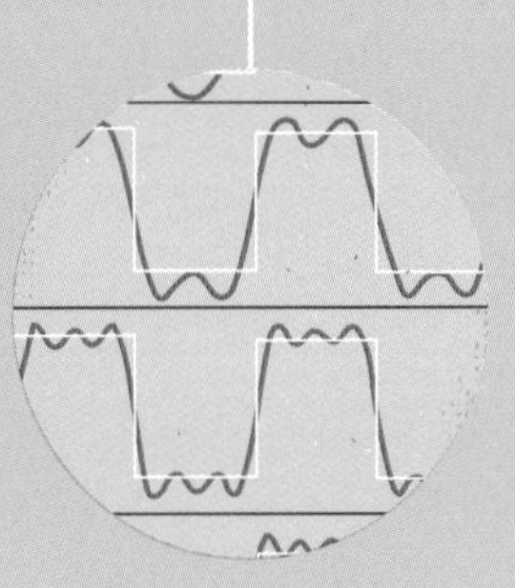

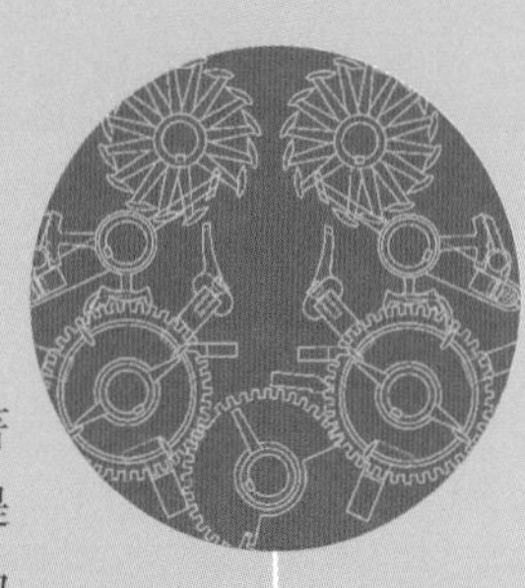

早期的计算机

英国发明家查尔斯·巴贝奇制造了差分机模型，这是一种用来计算天文数据表的机械装置。巴贝奇受英国政府资助研制完整的差分机，但由于受工艺水平限制以及同时研制可编程机型的影响（即分析机），这一计划最终未能实现。

矩阵

英国数学家詹姆斯·约瑟夫·西尔韦斯特创造了“矩阵”一词（拉丁语中为“母体”的意思），矩阵是一个二维的数字阵列。数字阵列使用的历史已经有大约200多年了，但真正成为一种主要的数学工具正是在此时。

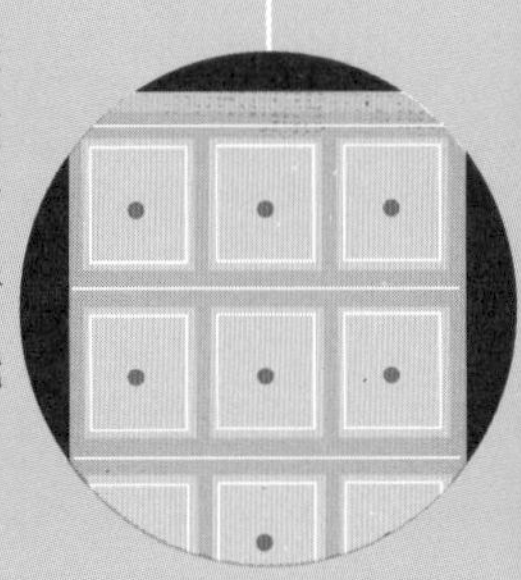

博弈论

美籍匈牙利数学家约翰·冯·诺依曼发表了《室内游戏理论》，该论文描述了人们基于一些简单游戏策略的互动，进而催生了博弈论，“保证相互毁灭”的核策略随之应运而生。

1937年

运筹学

英国物理学家、雷达先驱阿尔伯特·罗在巴德西研究站（英国萨福克郡）从事雷达开发工作时，正式引入了运筹学的概念，而运筹学的基本原理可以追溯到19世纪40年代邮件分拣和铁路货车安全方面的工作。

1944年

密码破译

“巨像”——世界上第一台可编程电子数字计算机，第二次世界大战期间服役于英国布莱切利公园的密码破解中心，战后丘吉尔下令摧毁“巨像”及后续制造的一系列机器，这些开创性工作直到20世纪70年代才公之于众。

约1960年

混沌理论

美国数学家爱德华·诺顿·洛伦兹在LGP-30计算机上运行天气预报模型时（赋值环节）发现，一个很小的舍入误差也会导致一个全然不同的预报结果，受此启发，洛伦兹发明了混沌理论。

人物小传

雅各布·伯努利（1655—1705）

他是伟大的伯努利数学家族中最年长的一位，家族中还包括两个尼古拉斯，三个约翰斯和一个丹尼尔。雅各布（又名雅克）出生在瑞士的巴塞尔镇，之后在巴塞尔大学学习神学并担任宗教教职，但在二十出头的时候，他开始坚信数学才是他生命中最重要的事情。在旅欧数年后，他重返巴塞尔大学，执教力学并开始从事数学研究工作。1687年，雅各布成为一名数学教授。他和弟弟约翰曾是同道中人，但在两人共同工作十多年后分道扬镳，继而成为死敌。和他的许多族人一样，雅各布为概率论做出了极其重要的贡献，其中最显著的是在他去世8年后出版的《猜度术》，这本书建立了许多排列和组合的基础理论，以及概率论的重要内容，例如早期的“大数定律”，它表明实验运行的次数越多（只要实验是公平的），实验的平均结果将越接近预期值。

亚伯拉罕·棣·美弗
（1667—1754）

亚伯拉罕·棣·美弗出生于法国，在索穆尔大学学习逻辑学，由此产生了对数学的浓厚兴趣，之后又到巴黎学习物理。20岁时，正值法国对新教徒迫害日益严重的时期，棣·美弗和他的兄弟又返回伦敦，担任一位富家子弟的私人数学教师，此时他接触到牛顿刚刚发表的《自然哲学的数学原理》，并结识了牛顿本人及其支持者埃德蒙·哈雷。棣·美弗对牛顿著作的部分数学内容进行了拓展，后来他成为英国皇家学会的一员。在整个职业生涯中，他的身份更多的是一名研究经费不足的私人家教。棣·美弗对数学的最大贡献是开辟了概率论的新领域，他在引入概率论中最常用的两种分布——正态分布和泊松分布（他的工作要早于泊松本人）方面发挥了重要作用，这些理论解释了连续或离散随机变化特性的分布情况，帮助人们实现纠错或进行行为预测等多种工作。

帕特里克·梅纳德·斯图尔特·布莱克特（1897—1974）

帕特里克·梅纳德·斯图尔特·布莱克特出生于伦敦，严格来说他是一位物理学家，在云室研究方面做出了重要贡献，但他最大的贡献是在应用数学方面。第一次世界大战期间，布莱克特在英国海军服役时，注意到当时火炮的技术水平低下，受此激发，他对物理和数学产生了浓厚兴趣。在获得到剑桥大学深造的机会后，他成为一名实验物理学家，与欧内斯特·卢瑟福开展合作研究。从那时起，他一直担任伦敦大学伯贝克学院和曼彻斯特大学的物理学教授。然而，他并没有忘记自己对数学的兴趣。1935年，他加入航空研究委员会，主导雷达方面的研究。在他助推引领一个新的应用数学领域——运筹学之前，曾经在法恩堡皇家飞机制造厂工作。运筹学思想主要运用数学方法来提高军事行动的效益，包括研究如何最优部署护航舰队结构，最大限度降低沉船风险，以及规划飞机装甲板设计的最佳分布。布莱克特于1969年入选英国皇家学会并成为终身贵族。

约翰·冯·诺依曼（1903—1957）

约翰·冯·诺依曼出生于匈牙利布达佩斯，原名亚诺什，是曼哈顿原子弹计划的领军人物，也是美国研制电子计算机的核心人物。从拓扑学到博弈论，他在数学领域建树广泛。冯·诺依曼是个神童，8岁就学会了使用微积分，到23岁时，他同时获得了布达佩斯波兹马尼佩特大学的数学博士学位和瑞士苏黎世联邦理工学院的化学工程学位（在父亲的要求下，学习化学专业留作退路）。他很快就到柏林大学讲授数学，但到1929年，他转到了美国普林斯顿大学，这所大学成为他职业生涯中的家园。在数学上，冯·诺依曼在集合论以及量子力学中的算子理论方面都非常有影响力。他众多成就之一是将博弈论发展确立为数学的一个分支。博弈论研究对弈中的策略问题，通常两个玩家可以各自选择策略，双方的选择直接影响博弈的结果。冷战时期，人们经常使用博弈论来模拟美国和苏联之间的对抗。

加密

主要概念丨自从有文字以来，保持敏感信息的安全一直是人们关注的问题，一般可以通过物理隐藏、代号（即用一个词或符号来表示一条消息，如用FISH来表示“明早9点发起攻击”）和密码（即用数学方法来处理信息）来实现。长期以来，加密仅仅是间谍们才关心的事情，但时至今日，只要在互联网上建立了安全链接，加密就开始发挥作用，如果一个网站使用的是HTTPS:（在浏览器中用挂锁符号表示），或者我们使用的安全消息服务，比如Whatsapp，该软件就使用了数学方法加密信息，让窃听者读不懂。加密通常依赖于密钥，其最简单的形式是一个单词或短语，每个字母对应的数字（即在字母表中的排序）与要加密的信息相加。例如，使用密钥APPLE来加密信息HELLO时，将A与H相加（即1加8），加密结果是字母I（I在字母表的排序为9），接下来的P到E类似，最后生成的密文即为IUBXT。互联网加密算法中，例如RSA，有两个密钥：一个是公开密钥，任何人都可以使用它来加密信息；另一个是私人密钥，只有被授权的所有者才能使用。这个过程就像任何人都可以向某一邮箱投递邮件，但只有邮箱所有者才能打开它。

知识延伸 | 计算机可以很容易地计算两个大素数的乘积（比如每个都为32位数），但其逆过程，即从乘积中分解出这两个素数却非常困难。在公钥/私钥加密系统中，用两个大素数的乘积（记为n）作为数学运算的模数来产生密钥。公钥是公开的，加密信息时将密文对应的数字做e次幂（e即公钥），再用计算结果模n来作为最终的密文。解密过程类似，将密文做d次幂（d即私钥）再模n。像Whatsapp这样的系统，在每条消息加密时，一次会使用多个公钥和私钥对。

四则运算；负数
p.26。
幂、方根和对数
p.34。
同余算术
p.42。

逸闻趣事 | RSA是第一个非常重要的公钥/私钥密码系统，也是最知名的一个。它的命名源于1978年发明该算法的三位美国及以色列数学家：李维斯特、沙米尔和阿德曼。当时并不知道，其实早在1973年，英国数学家克利福德·考克斯就发明了RSA系统，不过由于考克斯一直在英国的情报加密机构GCHQ工作，所以他的想法并没有公之于众。

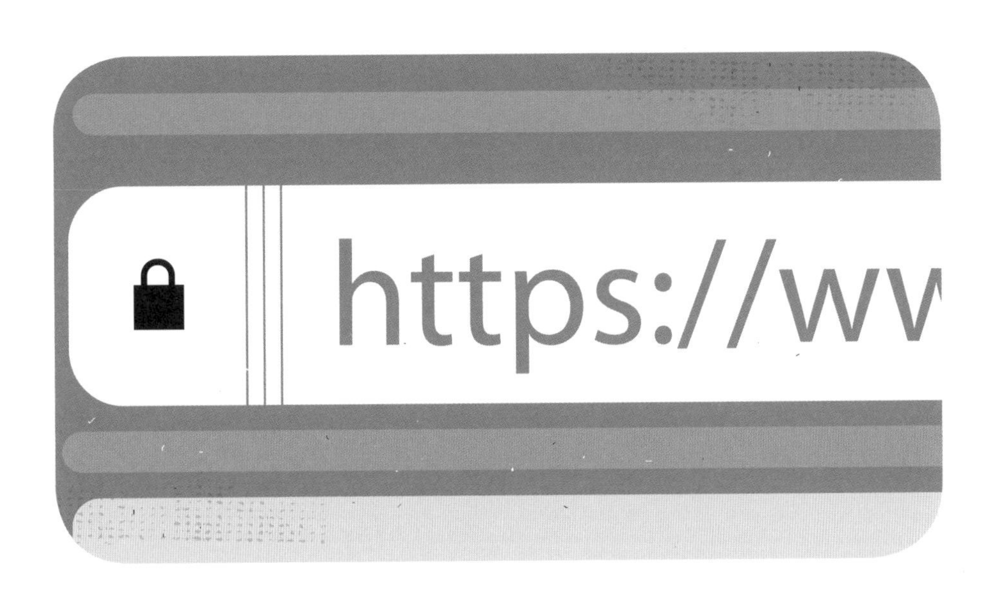

概率论

主要概念 | 用数学去分析博弈类游戏，也许是概率论的开端，由于最初专门用于机会分析，这或多或少给它招了不太好的名声。概率看起来不自然，也不实用，例如，如果连续抛一枚硬币10次，都是正面朝上，那么你一定会强烈地觉得下一次掷币的结果将是反面朝上。事实上，这枚硬币并没有记忆，不管之前投掷的结果如何，正面或反面的概率都是一样的。16世纪，吉罗拉莫·卡尔达诺将单一事件发生的简单概率拓展到多个事件的情况。概率通常表示为介于0（即不可能发生）和1（一定会发生）之间的数值。例如，投掷骰子时，如果投掷6次将有1次（或1/6的概率）结果为5，而连续投掷两个5的概率是1/6 × 1/6=1/36，一次投掷结果为4或5的概率是1/6+1/6=2/6或1/3。概率论还被扩展到概率分布和更复杂的随机事件中，同时，它对于量子物理的发展至关重要。在量子物理中，量子的行为是用概率来预测的。

阶乘与排列
p.96。
统计学
p.126。
蒙特卡罗方法
p.138。

知识延伸 | 吉罗拉莫·卡尔达诺最伟大的发现是对投掷概率的研究。例如，投掷两个骰子，考虑其中至少出现一个6的概率，直观感觉，这个概率可能是1/6+1/6，但这意味着如果投掷六个骰子，得6 × 1/6=1，换句话说，如果你同时投六个骰子，肯定会得到6。卡尔达诺意识到他可以先考虑两个骰子都不是6的概率，因为投掷一个骰子非6的概率是5/6，所以两次投掷都非6的概率是5/6 × 5/6=25/36，那么1–25/36（即11/36）就是至少出现一个6的概率。

逸闻趣事 | 概率有时候甚至可以让数学家感到迷茫。1990年，玛丽莲·沃斯·萨凡特为《游行》杂志撰稿，提出所谓的蒙提霍尔问题（见p.139），她收到了大量数学家和科学家的来信，被告知自己错了，但她并没有错。其中一封信写道："你错了，但要看积极的一面，如果错的是那些博士，这个国家将陷入非常严重的麻烦。"这也许是其中最棒的说辞了。

统计学

主要概念 | "统计学"一词最早用来描述关于一个国家的整体数据，像中央情报局的世界概况中的数据。到了17世纪，由于一位名叫约翰·格兰特的英国纽扣制造商的工作，统计学以一种新的形式出现。格兰特引用伦敦"死亡率报表"中的数据，加上他收集到的有关出生率方面的所有信息，来帮助人们了解伦敦人口的消长和流动以及疾病传播的情况。统计学从部分个体中作数据采样，并由此推测出关于整体的信息，一般是由已知的信息出发，预测未知信息。格兰特早期的一个工作目标是尝试为不同人群作寿命预期，这项工作日后成为保险业的基础。统计学的研究对象不仅限于人类，在对任何包括大量类似物体行为的刻画中，统计学都是非常有效的工具。19世纪出现的"统计力学"用于解释气体分子的行为，如气体压力和黏度等现象。此时，统计数据的收集和整理（例如人口普查）已经与概率论（见p.124）紧密结合起来，用于对诸如股票、选民等的未来行为作出预测。

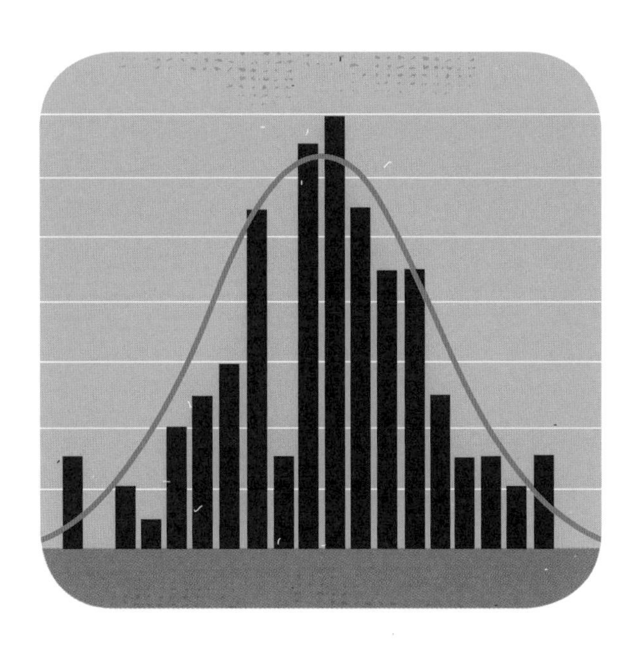

知识延伸 | 基础统计数据的收集环节一般不存在什么争议，但是当进行预测时，所采用的统计方法不同可能会产生大相径庭的结果。天气预报就是一个很好的例子，这是一个非常复杂的系统，数学家甚至用“混沌”一词来描述这个过程，任何预报方法都非常容易出错。与此类似，企业预算中所作的预测，结果往往是针对公司“为何没有像预测那样运行”展开冗长的事后分析。实际上，问题的症结在于当时所作的预测是否准确。统计学预测非常有价值，但是我们往往对导致预测偏差的因素知之甚少，不能最有效地利用数据。

逸闻趣事 | “世上的谎言有三种：一般谎言，该死的谎言，还有统计数据。”这是关于统计学最知名的段子（也是关于数学最有名的语录之一），但到底是谁最早说出的这句话已无法考证，通常认为是英国首相本杰明·迪斯雷利，他自己声称引用了马克·吐温的话，但在马克·吐温的任何著作中都找不到踪迹。

阶乘与排列
p.96。
概率论
p.124。
运筹学
p.140。

对数与计算尺

主要概念 | 计算机对于我们来说已经是司空见惯的东西，以至于我们已经忘记了计算机诞生之前的很长一段时间内，那些不需要手工计算出精确结果的问题，一般是借助对数方法或用基于对数运算的机械装置，即滑动尺来完成的。滑动尺有时也称为“计算尺”，是一种与计算机类似的装置，它使用的是机械数值，而不是电子数字。基本的滑动尺可以进行乘法和除法运算，而更复杂的设备则可以计算方根、正弦和余弦等。标准滑动尺设计有一对类似于直尺的部分，这两部分彼此平行固定，第三部分是介于两者之间的可滑动部分。移动滑动部分，直到其上刻度与顶部固定尺上与计算相关的某个数值对齐，然后在固定尺上可以直接读取计算结果。滑动尺的最后一个组成部分是游标，这是一个透明的可以在三根尺子上滑动的部件，它有一条自上而下的线，可以读取非连贯的刻度值。因为刻度是基于对数的，而不像常规尺子的均匀刻度，因此，刻度越往后越密。计算尺可通过高效的对数加减法计算出相应的乘除法。

知识延伸 | 简单的计算如2.5乘2.8，可以先将中间滑动尺的刻度1与上方固定尺的刻度2.5对齐，移动游标指针使其对准中间尺的刻度2.8处，读取游标在上方固定尺上所指的刻度,即可得到计算结果为7。原理是中间尺先移动了log2.5，再叠加上游标之后移动的log2.8，由于在对数计算中$\log(n)+\log(m)=\log(nm)$，因此可以直接读取出正确的计算结果。

基底
p.24。
幂、方根与对数
p.34。
计算器
p.130。

逸闻趣事 | 第一把计算尺发明于1620年，由英国数学家威廉·奥特雷德设计。他利用两把现成的尺子，通过改造成对数刻度，并将它们相互滑动来完成计算。之后，他还设计了圆形滑动尺（没有像直尺那样广泛流行），然而现代形式的计算尺直到1850年才完全定型。

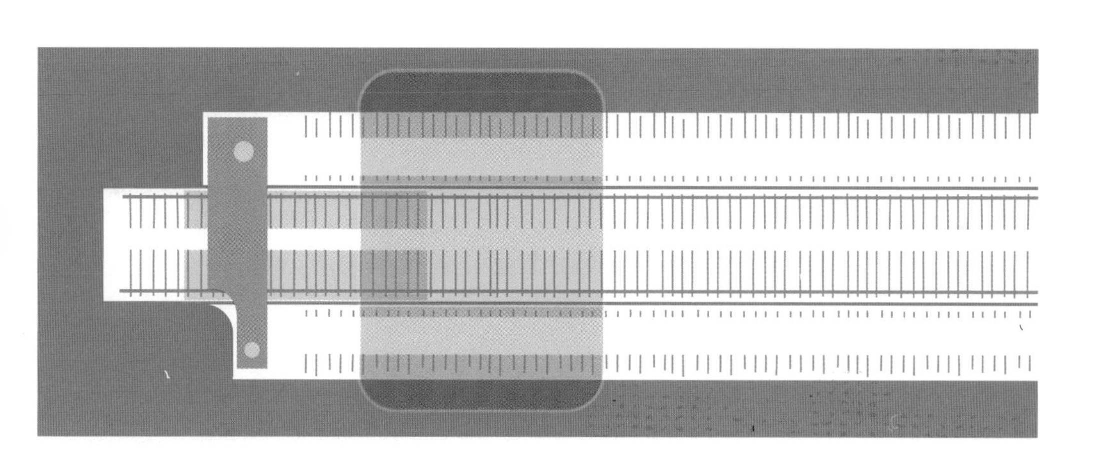

计算器

主要概念 | 古代普遍使用石头作为计算的标记物（所以从词源上讲，“calculus”在拉丁语中是“小石头”的意思），当人们用绳子或木棍上的珠子来代替石头时，它们就变成了典型的计算工具，即算盘。实际上，算盘模拟了进位计数方法中数位的概念，使人们能够快速地进行加减法运算，使用某些技巧还可以实现乘除法运算。17世纪，随着制造时钟技术的进步，利用齿轮传动来实现数学计算的想法似乎也应运而生。关于谁是这方面的先驱尚存争论，法国数学家布莱斯·帕斯卡在1642年制造出一台机械计算器，他当时只有19岁，之后一连制作了几十台，但这些计算器比较笨拙，而且容易出错。第一个大规模使用的机械计算器是由法国发明家查尔斯·托马斯制造的算术仪，因其可靠性以及能够实现真正的乘法，而不是重复做加法，从19世纪50年代开始成为计算器的标准，这是在英国数学家查尔斯·巴贝奇设计出未完善的更复杂的计算器（差分机）和可编程计算机（分析机）之后的事。机械计算器一直沿用到20世纪70年代，此后被电子计算器取代。

知识延伸 | 1822年，巴贝奇演示了差分机的一小部分构造，设计目的是要达到同时处理7个数的运算能力，最初用来帮助自动计算生成数学、天文和导航领域所需的数字表，从而将人力从大量重复烦琐的计算中解放出来。差分机原本打算融合一台打印机，但由于设计的工程精度超出了当时的水平，加之巴贝奇在1837年提出分析机的概念，结果这个规划不了了之。分析机本质上是一台可编程的机械计算机，它以机械形式集成了类似现代计算机的部件，数据通过打孔卡实现输入，这些打孔卡最初是用来完成机器控制的。

逸闻趣事 | 目前所知最古老的计算装置是安提凯希拉装置，1901年发现于安提凯希拉岛附近的一艘古希腊沉船上，直到20世纪70年代，经过X射线和伽马射线扫描，人们才研究发现这是一台类似天文计算机的装置，至少配置了30个齿轮，已经有约2200年的历史。

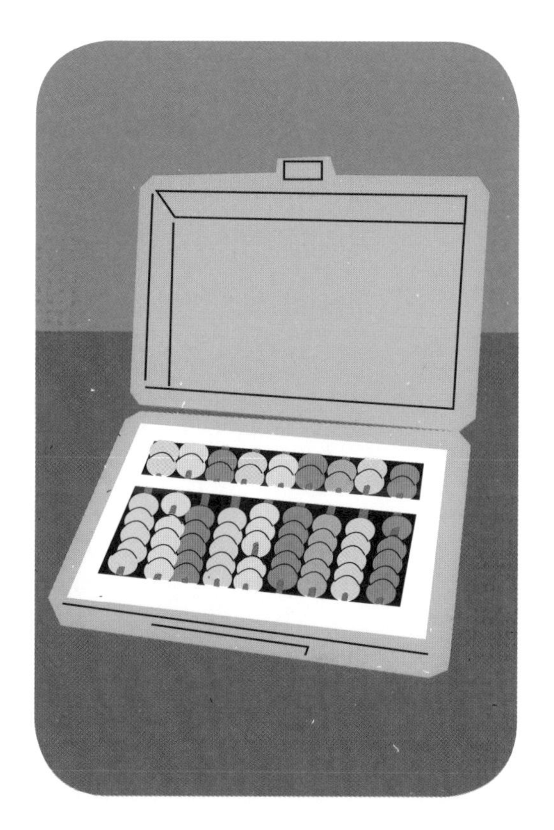

四则运算；负数
p.26。
对数与计算尺
p.128。
计算机
p.142。

傅里叶变换

主要概念 | 应用数学技术很少有像傅里叶变换那样强大到令人如此印象深刻的。傅里叶变换根据法国数学家约瑟夫·傅里叶（1768—1830）的名字命名，本质上是一种将复杂的数学结构分解成若干简单结构的有力技术。严格地讲，具体涉及傅里叶级数、傅里叶变换和傅里叶分析三个方面内容。傅里叶级数是一组无穷多个简单正弦波的集合，由此可以组合成一个更复杂的数学函数，前提是该函数必须是连续的，即没有突然的跳跃。例如，在p.133图中，一系列正弦波组合在一起，最终越来越接近方形波。傅里叶变换是将函数分解为若干分量函数的方法，而傅里叶分析是这类技术更为广泛的应用。快速傅里叶变换是傅里叶变换的一种应用变体，性质非常灵活，因为它可以作用于离散的数据样本空间。傅里叶变换最典型的应用是在声学领域，例如，通过组合简单的正弦波在合成器中建立不同的声音。傅里叶分析的应用极其广泛，从物理学到数码相机软件，再到股市和蛋白质结构分析，都有其用武之地。

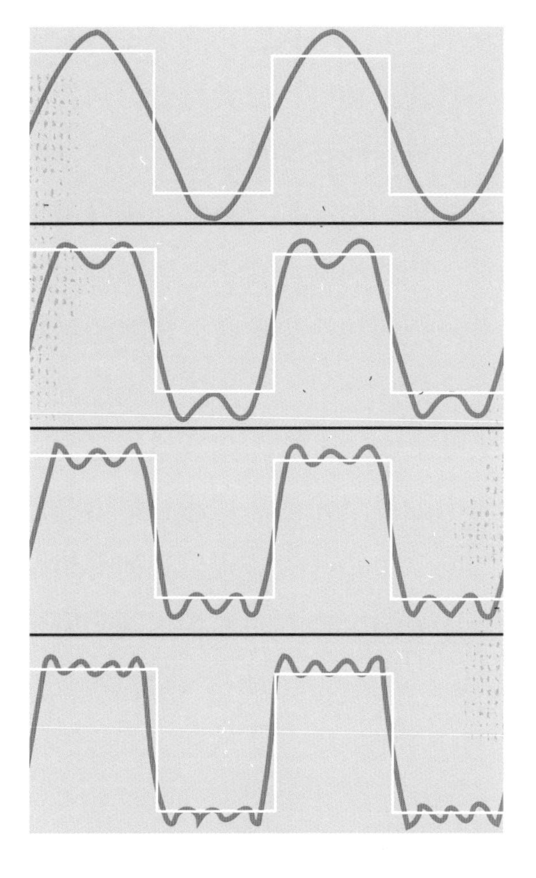

知识延伸 | 德国数学家卡尔·高斯在19世纪初研究小行星轨道时，发明了一种基于相对较少数据样本的处理技术，这种方法直到20世纪60年代才被人们完全认识。顾名思义，快速傅里叶变换是一种计算定义在有限数据样本集合上的离散傅里叶变换的快速算法，每一个样本以相同的间隔采样，再将每个样本划分为独立的频率分量。我们大多数人在生活中经常会接触到快速傅里叶变换，这是因为JPEG图像和MP3声音文件的压缩算法用到的正是快速傅里叶变换的输出。

逸闻趣事 | 物理学家马克斯·泰格马克和天体物理学家马蒂亚斯·扎尔达里亚加建议，可以使用一组探测器来组建一个射电望远镜，每个探测器对数据进行快速傅里叶变换，这使其具有单碟望远镜灵活性的同时，兼具广阔的视域，其范围可与由多台造价昂贵的望远镜组成的干涉仪天文台相媲美。

数列
p.32。
三角学
p.56。
函数
p.102。

矩阵运算

主要概念 | 矩阵即二维矩形阵列。我们可以把矩阵形象地看成是一个数学抽屉柜，它只有一行若干抽屉，或者只有一列若干抽屉，或者有多行或多列抽屉，每行的抽屉数量必须一致，同样，每列的数量也都相同。最简单的情况是，每个抽屉内可以放一个数字，也可以放置函数。矩阵的威力在于它可以对一个集合中的所有数值同时作运算。矩阵加法要求两个矩阵的形状相同，将一个矩阵中的每个元素相加到另一个矩阵对应位置的元素上。矩阵乘法更有趣，它要求第一个矩阵列数与第二个矩阵行数相同，这是由于结矩阵中的每个元素都是通过将第一个矩阵的对应某一行中的元素与第二个矩阵的对应某一列中的元素分别相乘再相加而得到的。如果两个矩阵的形状相同，但相乘顺序不同可能得到不同的结果。

四则运算；负数
p.26。
向量代数及其微积分
p.104。
群论
p.112。

知识延伸 | 初等算术中，乘法是可交换的，即A × B=B × A，这看起来非常自然，很难想象还有其他情况。不过，即使在初等算术中，其他运算，如减法，也是不可交换的，A–B≠B–A。一般来说，乘法不必要求一定是可交换的，如矩阵的乘法。由于矩阵乘法对行数和列数的要求，因此只有方阵可以在行、列两个方向上做乘法，但除非矩阵具备特定的对称性，否则交换矩阵相乘的顺序会产生不同的结果。

逸闻趣事 | APL（“A Programming Language”的首字母）作为有史以来最奇怪的计算机编程语言之一，形成于20世纪50年代末至60年代初。大多数编程语言由一系列类似英语的语句组成，但APL使用矩阵操作一次性处理整个矩阵，生成非常简洁的、类似数学表达式的代码。例如，生成N以内的所有素数的整段程序代码是（~N∊N∘.×N）/N←1↓⍳N。

博弈论

主要概念 | 博弈论听起来有些像足球规则，但它实际上是使用一些简单的基于决策的游戏来探索人类行为。游戏通常包括两个玩家，每位玩家有机会选择合作或者竞争策略，但他们相互无法得知对方采取的策略。经济学家和心理学家经常使用这种博弈。1928年，约翰·冯·诺依曼在其《关于室内游戏理论》的论文中介绍了这一理论，美国数学家约翰·纳什极大地发展了这个领域，电影《美丽的心灵》的主角就是以纳什为原型。博弈论中研究最多的一个是囚徒困境，一个是最后通牒博弈，后者展示了人类的双输行为。囚徒困境是冷战时期"相互保证毁灭"的基础，它讲的是：假设有两个囚犯，不可以互通信息，俩人可以选择相互支持，也可以选择相互背叛。如果只有其中一方背叛对方，那么背叛者被释放，另一方会被判处长期徒刑；如果俩人都选择支持，则俩人均被判处短期徒刑；如果俩人都选择背叛，俩人都被判处中期徒刑。如果俩人都选择支持，综合利益最高，但单方背叛时该方获得利益最大，个人选择背叛是合乎逻辑的，但如果俩人都遵循这个逻辑，他们就会同时遭殃。

知识延伸 | 另外一个常用的博弈类型是最后通牒博弈，讲的是在两个人之间分发一笔钱，第一个人决定如何分钱，而第二个人要么选择接受分钱方案并可获得相应的钱，要么选择拒绝该方案。在拒绝的情况下，他们俩都得不到任何钱。来自西方文化中的玩家通常对低于35%的报价方案予以拒绝，这在经济上是不合逻辑的，因为它拒绝了一笔免费的钱，但在心理上，为惩罚对方的贪婪付出了代价。很少有人注意到，当有一大笔奖金时（博弈游戏中通常选择1～10美元），35%这个分割不再有效，因为玩家倾向于接受比它小得多的比例。

逸闻趣事 | “零和博弈”是一个经常使用的博弈论术语。在该博弈中，其中一些玩家的损失被其他玩家的收益所抵消，收益和损失的总和为零。它排除了双赢的可能性，例如，分糖果时，给一些人太多，别的人得到的就很少。

数理逻辑
p.44。
图论
p.68。
阶乘和排列
p.96。

蒙特卡罗方法

主要概念 | 时至今日，概率论已基本上与赌博分道扬镳，但却终究不能完全脱离其渊源，即源于研究公平的机会博弈，这也是实际生活中最简单的一个目的。这一点在蒙特卡罗方法中体现得最为明显。该方法以位于地中海的一个赌场的名字命名，尽管如此命名，但蒙特卡罗方法（或蒙特卡罗模拟）与如何在轮盘赌中获胜毫不相干，而是对客观现状的局部做出模拟的数学机制，即借助随机现象的特性来进行预测。“蒙特卡罗”最初是一种技术的代号，第二次世界大战时期由斯坦尼斯拉夫·乌拉姆和约翰·冯·诺依曼共同设计，当时他们正致力于曼哈顿核武器研发计划。蒙特卡罗方法最初用来解决屏蔽中子辐射问题，由于粒子间的相互作用是随机化的，通过多次选择符合中子行为的随机参数，为问题的解决建立途径。蒙特卡罗方法通常应用于从金融到物理等各个领域，特别适合环境极其复杂且无法建立有效的确定性模型（相关变量具有某种确定性）却可以对变量进行随机化处理的情况。

概率论
p.124。
统计学
p.126。
运筹学
p.140。

知识延伸丨使用一种简单的蒙特卡罗方法，我们可以证明“蒙提霍尔问题”。这与一个游戏相关：一位选手要面对三扇门作出选择，并赢得所选门后隐藏的东西，其中两扇门后面藏的是山羊，一扇门后面藏的是轿车。选手选定一扇门后，主持人打开剩余两扇门之一，暴露出一只山羊。这里的问题是，参赛者是应该坚持自己最初的选择，还是改变主意选择另一扇未打开的门？真相与我们的直觉相悖，事实上如果选手改变主意，其赢得轿车的概率是坚持最初选择的两倍，这个结果似乎不太合理，但通过反复模拟游戏中的“坚持”和“改选”的状态，蒙特卡罗方法可以证明事实确实如此。

逸闻趣事丨蒙特卡罗方法中需要用到真正的随机数，产生真随机数不是一件容易的事情。量子器件可以产生真正的随机数，但典型的计算机产生的“随机数”，使用的是伪随机序列，一种简单的方式是先取定一个初始值（初始值称为“种子”，如使用系统时间），乘一个较大的常数，再加上另外一个大常数，然后将结果对第三个大常数取模，以此类推。

运筹学

主要概念 | 运筹学是一门形成于第二次世界大战之前的应用数学，用于解决军事运筹问题，从如何最有效部署深水炸弹，到最优多航程路线规划，均有涉猎。除了使用标准统计技术和蒙特卡罗方法（见p.138），运筹学还涉及排队论，即让顾客排队等待的时间最少化；还涉及线性规划，即让某一个量的值最大化，例如在给定约束条件下，进行一次交易的利润；还涉及动态规划，即将某个问题分解为更小的部分，采用递归方法予以处理（见下文）。时下，运筹学也应用于商业领域，用来处理某些不能用简单方法处理的大规模复杂问题。运筹学最初是一门纯粹的数学学科，但它却是计算机的早期用户，现在运筹学已经高度依赖于计算软件，从电子表格到复杂的视觉模拟。凡是涉及"优化"的问题，即寻求可能的最好结果，通常都与运筹学相关。在实践中，由于实际问题与很多复杂因素相关，运筹学中很多方法产生的都是近似最优结果。

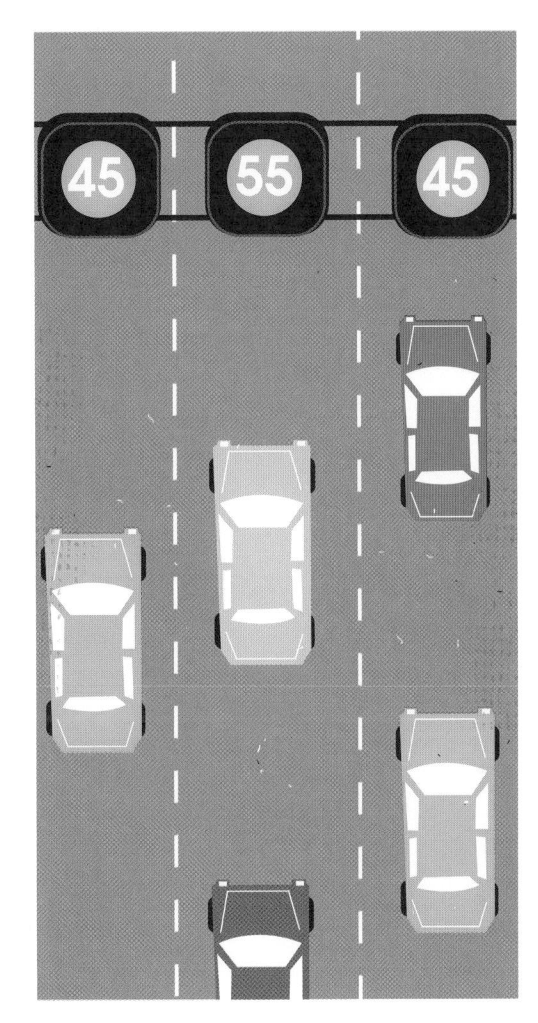

知识延伸丨递归方法经常出现在数学中，是运筹学算法中一种强大的工具。递归需要一个起点和一个终点以及一个生成下一个实例的规则，由于递归算法是自定义形式的，这使得它能够简化中间过程。例如，n的阶乘是n乘$n-1$的阶乘，以此类推，$n-1$的阶乘是$n-1$乘$n-1-1$的阶乘等。递归利用一条简单的规则建立一个重要的结果，而一组递归规则可以产生极其复杂的行为。

逸闻趣事丨运筹学可以帮助人们在招聘或相亲时作出最佳选择，这类问题被称为“最优停止理论”，即在无从得知一个序列中所有元素信息的前提下，从中挑选出某一个元素。假设共有n个候选人，那么你应该拒绝前$\frac{n}{e}$（e为自然常数）个候选人，选择下一个会比任何一个都好。

概率论
p.124。
统计学
p.126。
蒙特卡罗方法
p.138。

计算机

主要概念 | 可编程电子计算机同时改变了人们基本算术运算和复杂数学计算的能力。实际上，计算机将数学家划分成两部分，一部分数学家仍然使用纸和笔，另一部分数学家则借助计算机工作。早期计算机使用热离子真空管，也称为真空管。一般认为，世界上第一台可编程计算机是建造于英国布莱切利公园的“巨人”计算机，作为破译德军通信的工具。“巨人”计算机在1944年初启用，但它发挥的作用一开始并没有为人所知，这主要是由于第二次世界大战后一纸禁令，“巨人”计算机被完全摧毁。一年后，更为灵活的美国ENIAC计算机面世，成为计算机早期发展阶段中的典范。早期的计算机和房间大小差不多，用电量和现代办公楼一样多。编程最初是通过设备上的开关来实现的，之后借助穿孔纸带和卡片，再发展到电传打字机和显示屏。尽管这些主机的计算能力越来越强大，同时体积也越来越紧凑，但直到20世纪80年代个人计算机出现之前，它们主要是一种企业级的装置。如今，一部智能手机的计算能力已经远远超过早期的大型机。

知识延伸丨电子计算机中的阀门（现在的晶体管）被置于“门”逻辑电路中，每个门都提供一个独立的布尔代数运算，例如非、或和与。在门电路中，主要电子元件的作用类似开关，即用一个信号控制另一个信号。如果信号处于激活状态，则视为1，如果信号处于非激活状态，则视为0。例如，一个实现0/1转换的非门，如果没有输入信号，则输出信号，但是如果有输入信号，则不会输出任何信号。除非门之外，其他门电路都有两个输入，共同控制一个输出。

数理逻辑
p.44。
对数与滑动尺
p.128。
计算器
p.130。

逸闻趣事丨有时候，人们把计算机中的第一个“bug”定位在真正电子计算器出现之前的一台机电计算设备上，由美国计算机科学家格蕾丝·赫柏将此记录下来。1947年，她将一只在计算机中发现的飞蛾粘在计算机日志本上。然而，早在19世纪70年代的工程学中，人们就已经将“bug”作为指代技术问题的用语了。

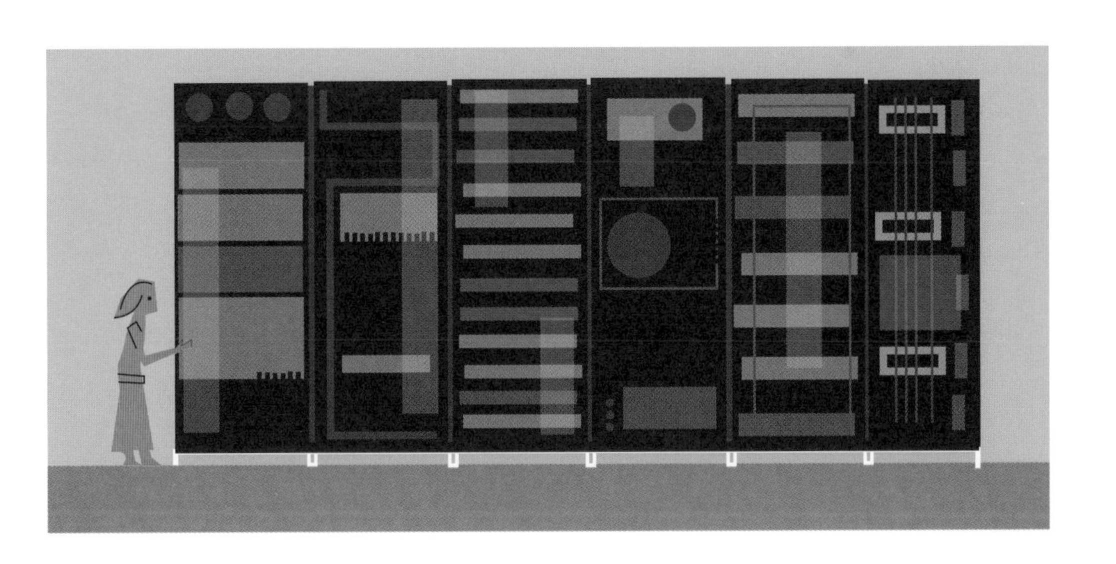

混沌理论

主要概念 | 混沌听起来像一个完全随机化的概念，但从数学角度上来说，一个混沌系统有明确遵循的规则，其中不包含任何随机性。混沌系统要么极度复杂，要么内部因素关联强烈，很小的变化会导致结果的重大变化，意味着预测未来发生的情况极其困难。混沌系统可以非常简单，例如摆钟由两个通过铰链头尾相接的摆杆组成，但组合后的轨迹的复杂程度却令人印象深刻。天气可能是我们最熟知的一个混沌系统，影响天气的所有因素相互作用，共同形成混沌状态。数学家爱德华·洛伦兹在尝试使用计算机作天气预报时，迈出了混沌理论的第一步。由于整个程序非常耗时，他把程序暂停后的中间计算结果打印出来，恢复计算时再度输入中间结果并重启程序，但预报的结果面目全非，他意识到这是由于输入中间结果时对位数作了舍入，正是如此微小的数值变化导致预报结果的不同。除天气之外，混沌状态还会出现在从股市到工程等各个领域。

知识延伸 | 混沌和随机都会产生不可预测行为，但方式不同。混沌系统在理论上是完全可预测的，但它对相关因素的微小变化极其敏感，导致在实践中表现出难以驾驭的状态。拉长时间跨度同样会放大混沌效应，例如，天气预报的时间不可能超过7天。随机行为在个体变化水平上是不可知的，但通常可以从统计学方面进行预测，因为许多随机行为都具有已知的概率分布。某些混沌系统内部以这样一种方式相互作用，即它们自然地趋向某些可能的值，当这种情况发生时，系统趋向的那些值被称为“奇异吸引子”。

逸闻趣事 | 混沌理论的创始人爱德华·洛伦兹，在他撰写的论文《一只巴西蝴蝶扇动翅膀是否会引发得克萨斯州的龙卷风？》中，为这一理论进行了最形象的表达。从此，“蝴蝶效应”开始广为人知，尽管洛伦兹本人的结论是“不，它不会”。

分形
p.78。
概率论
p.124。
复杂性理论
p.146。

复杂性理论

主要概念 | 一般而言，复杂性是指某个结构由很多小的部分构成，或者指某物极其错综复杂。而在数学和计算理论中，复杂性是指一个由多重子系统构成的大系统，子系统的相互影响使整个系统衍生出某些新的性质，即整体大于所有局部的和。从这个意义上看，一个生物体就是一个复杂系统，整体由独立的细胞个体组成，但每个细胞却不具备整体的功能。通常情况下，一个复杂系统表现出的特征是非线性的，即伴随突发和不可预测的变化，也可以呈现混沌状态（见p.144）。计算数学可能是研究复杂性最多的领域，但复杂性理论也应用于经济学、生物学及网络等方向。反馈环就是一种复杂性机制，其系统属性可以导致系统行为的变化，反馈可向正反馈（增强失控）和负反馈（抑制消亡）两个方向发展。正反馈的一个被人熟知的例子是音响系统，当麦克风和喇叭距离太近时，背景噪声被反复循环放大。负反馈的研究最初出现在蒸汽机的调速机制中，这类装置通过蒸汽驱动，当引擎转速足够快时开始释放蒸汽，逐渐降低系统压力。

知识延伸 | 计算理论中，复杂性指的是解决问题的难度。可以在多项式时间内处理的问题称为“P” 问题，即计算时间与问题规模的幂函数成正比，比如某问题涉及n个变量，计算时间是n^2的情况。而相比之下，“NP”问题是指仅可以在多项式时间内验证解的有效性的问题。人们普遍认为（但一直尚未证实），还有第三类“NP-难”问题，是无法在多项式时间内求解的，这类问题需要指数级的计算时间，例如2^n个单位时间。通常情况下，此类问题只有近似解。旅行商问题就是一个典型的“NP-难”问题，即在多个城市之间寻找最优路径。

逸闻趣事 | 自发秩序或自发组织属于复杂性特征的范畴。通过在纸板上覆盖一层蜡可以说明这种特性。把热水倒在倾斜的涂蜡纸板上，最初的水流会在纸板上四处流动，但随着蜡被热水融化，纸板上形成一些“小水渠”。此后，大部分水会沿着小水渠流动，小水渠也会变得越来越宽，这种模式就是自发组织行为。

概率论
p.124。
统计学
p.126。
运筹学
p.140。

术语

算法——系统地执行一项任务所用的一系列指令和规则，通常用于描述计算机程序的逻辑结构。

阿拉伯数字——表示数字的通用标准（0123456789），发明于印度，但经由中东传到欧洲后，通常被冠以“阿拉伯”之名。

公理——显而易见、不证自明的数学假设。

基底——计数时每个数位上允许出现的数值个数，我们最常用的基底10，每个数位在进位之前可用0~9这10个数字。

二进制——计算机使用的以2为基底的计数方式，37转换成二进制为100101。

布尔代数——逻辑符号系统，使用与、或、非对逻辑“真”和“假”进行运算。

微积分——关于变化的数学。微积分有两种形式：微分（描述一个变量如何随另一个变量变化）和积分（将变化的值组合起来，例如，计算出某个区域面积问题），两种形式互为逆过程。

势——描述集合的大小，如果两个集合之间可以建立起一一配对关系，那么这两个集合等势。

校验和——用来检验一串数字是否打印正确的一位数字，信用卡号的最后一位是卡号中其他数字运算的结果，用来提供校验和。

合数——可以分解为两个更小正整数乘积的正整数，除1和该数本身外，至少还应被其他正整数所整除。

全等——具有相同大小和形状的集合图形。

常量——方程或代数表达式中固定的数值，如：方程$3x + 5 = 0$中，5是常量。

余弦——直角三角形中一个角的余弦是指该角的一条边（非斜边）与斜边的比值。

椭圆——平面内到两个定点（焦点）距离之和等于常数的动点轨迹，可以通过围绕两个焦点作图产生，圆是两个椭圆两个焦点重合时的特例，椭圆可以通过切割圆锥来产生。

加密——通过数学方法隐藏信息（数字或字母）保障隐私的机制，加密的逆过程称为解密。

方程——由两边相等的两个部分组成，每个部分都可以是任何数学符号的组合。

指数——某个变量或数字的若干次幂，其中的幂次称为指数。例如：方程$E=mc^2$中，c的指数是2。

表达式——常数、变量、函数等的组合，应用符号表达彼此间的特定关系。

因数——若干数相乘等于另外一个数，若干数中的一个称为乘积数的因数。

阶乘——一系列逐次递减整数的乘积，用！来表示，例如：5! 为$5 \times 4 \times 3 \times 2 \times 1$。

场——空间和时间中每个点都有定义，具备这种属性则称为场。

小数——整数的一种分割，有理小数可以表示成两个整数的比，例如：1/2或37/159，或者十进制数串0.5 和0.2327044…，无理小数只能表示成十进制数串的形式。

函数——一类适用于任何数字计算的简洁表达形式，所以$f(x)$可以将函数f作用在任何x值上，简单的函数形式如“$2x$”，或可以是其他任何复杂的表达形式。

门——计算机的逻辑模块，根据与、或、非等布尔操作控制电流信号。

黄金分割率——当一个大数与一个小数之比等于两个数字之和与大数之比时，这个比值称为黄金分割率。自然界中常常可以观察到这个比例，艺术家也经常用到，并深信这个比例在视觉上给人最愉悦的感受。

群——包含元素运算规则的集合，即任何两个元素运算的结果仍然是集合中的元素。例如：整数集合对于加法运算组成一个群。

双曲线——一对类似U形的曲线（开口扩

张），曲线上的每个点彼此对应，双曲线可以通过截取一对顶点相对的圆锥来产生。

斜边——直角三角形中直角相对的边。

整数——就像-3，1或 55这样的数。

无理数——无法表示成两个整数比值的形式，例如根号2是无理数。

逻辑门——参见门。

主机——大型中央计算机，通常需要专用环境条件，可多用户同时共享。

流形——局部类似传统平面欧式几何的多维几何结构。三维物体的表面，例如球体的表面是一个二维流形，因为球面的任何足够小的局部都是由平面构成的。

矩阵——按行和列排成矩形的数字集合。

模数——数字系统中数值达到最大值后，回到最小值重新计起，这个最大的数称为模数。例如：12小时制中的模数为12，因为到12之后，下一个数又回到1。

数轴——假想的直线，类似一把从负无穷到正无穷无限延展的尺子，中点是0。

算子——将函数或变换作用到一个变量或同时作用到多个变量的机制。简单的算子包括布尔运算与、或、非，同时，算子还可以有更复杂的形式。

抛物线——类似两端扩散的U形数学曲线，可通过截取圆锥得到。

π——数学常数，圆的周长和直径的比值，数值的前几位为3.14159…。

多项式——由常数和变量组成的数学表达式，且运算符只能包括加法、减法和乘法。

素数——大于1的正整数，且只能被1和它本身整除。

证明——一系列逻辑推理步骤的集合，从公理出发逐步导出结论。

二次方程——形如$ax^2+bx+c=0$的方程。

弧度——用于测量旋转角度或旋转量的单位，360° 对应2π弧度。

比率——两个数之间的一种关系，例如：3∶1，3和1之间的比率表示第一个数是第二个数的3倍。类似的，有理分数a/b等价于$a:b$。

标量——仅由数值大小即可确定的量，例如：速率是标量。

集合——若干数、物体或概念的集体，集合概念是算术以及其他很多数学领域的基石。

方程组——两个或多个方程，同时刻画多个变量的相关信息。

正弦——直角三角形中一个角的正弦是指这个角相对的边与斜边的比值。

平方根——平方的逆运算，例如：9的平方根是3，因为$3\times3=9$。

切线——与曲线在某点相交的直线，此直线与该点的斜率一致。

定理——经正式数学证明论证正确的命题。

超越数——类似π，无法用有限确定的公式计算。

变量——方程或表达式中取值可以变化的量，例如在方程$3x+5=0$中，x是变量。

向量——同时具有数值大小和方向的量，例如：速度是向量，同时包含方向和速率。

韦恩图——数学家约翰·维恩发明的用来表示集合间逻辑关系的图。

顶点——图形中各边相交的点。

延伸阅读

图书

Acheson, David. *1089 and All That*. Oxford: Oxford University Press, 2010.

A refreshing exploration of the joy of mathematics, from chaos theory to the Indian rope trick.

Aczel, Amir. *Finding Zero*. New York: St. Martin's Press, 2015.

A personal odyssey to discover the origins of zero.

Bellos, Alex. *Alex's Adventures in Numberland*. London: Bloomsbury, 2011.

A confection of mathematical experiences, stretching from casinos to the world's fastest mental calculators.

Blastland, Michael, and Andrew Dilnot. *The Tiger that Isn't*. London: Profile Books, 2007.

A wonderful exploration of how statistics and numbers in general have been used to mislead.

Cheng, Eugenia. *Cakes, Custard and Category Theory*. London: Profile Books, 2015.

A journey through the mind of the mathematician, incorporating Cheng's specialty, category theory.

Christian, Brian, and Tom Griffiths. *Algorithms to Live By*. William Collins, 2016.

Takes the concept of algorithms and shows how the math can be used in real life.

Clegg, Brian. *Are Numbers Real?* New York: St. Martin's Press, 2016.

A history of mathematics, showing how it has gradually become more detached from reality.

Clegg, Brian. *A Brief History of Infinity*. London: Constable and Robinson, 2003.

A history of the most mind-boggling aspect of mathematics, through the people involved in developing the concept.

Clegg, Brian. *Dice World*. London: Icon Books, 2013.

The influence of randomness and probability on our world and lives.

Clegg, Brian, and Oliver Pugh. *Introducing Infinity*. London: Icon Books, 2012.

An entertaining graphic guide to the concept of infinity.

Du Sautoy, Marcus. *The Number Mysteries*. London: Fourth Estate, 2011.

Balances five of the great unsolved mathematical mysteries with the practical applications of math in real life.

Gardner, Martin. *Mathematical Puzzles and Diversions*. Chicago: University of Chicago Press, 1961.

The classic book of recreational mathematics and its follow-up titles—including the latest, *My Best Mathematical and Logic Puzzles* (2016)—are still superbly entertaining.

Gessen, Masha. *Perfect Rigour: A Genius and the Mathematical Breathrough of the Century*. London: Icon Books, 2011.

The story of Russian mathematician Grigori Perelman, who solved one of the great mathematical challenges, the Poincaré conjecture, only to drop out of mathematics altogether and turn down a $1 million prize.

Gleick, James. *Chaos: Making a New Science*. London: Vintage, 1988.

A very journalistic and readable book on the development of chaos theory.

Hayes, Brian. *Foolproof*. Cambridge, Massachusetts: MIT Press, 2017.

A range of articles on fascinating math topics, from random walks to the story of the mathematician Gauss's feat of adding 100 numbers instantly.

Hofstadter, Douglas. *Gödel, Escher, Bach*. New York: Basic Books, 1979.

Classic, and to many mystifying, book on the essence of mathematics and cognition, but if it works for you, superb.

Livio, Mario. *The Equation that Couldn't Be Solved*. New York: Simon and Schuster, 2005.

A surprisingly engaging history of algebra and the development of group theory.

MacCormick, John. *Nine Algorithms that Changed the Future*. Princeton: Princeton University Press, 2012.

An exploration of some of the key algorithms that shape our online world, from Google's PageRank to the cryptography that keeps data safe.

Mackenzie, Dana. *The Story of Mathematics in 24 Equations*. London: Modern Books, 2018.

Uses 24 important equations through history to show how mathematics has developed.

Nicholson, Matt. *When Computing Got Personal*. Bristol, UK: Matt Publishing, 2014.

An excellent history of personal computing.

Parker, Matt. *Things to Do and Make in the Fourth Dimension*. London: Penguin, 2015.

Stand-up mathematician Parker presents a range of recreational math, from interesting ways to divide pizza to the importance of the 196,883rd dimension.

Petzold, Charles. *Code*. Redmond, Washington: Microsoft Press, 2000.

Using familiar aspects of language, this Windows expert uncovers the inner workings of computer programs for the general reader.

Scheinerman, Edward. *The Mathematics Lover's Companion*. Newhaven, Connecticut: Yale University Press, 2017.

Takes on 23 of the more interesting subjects of mathematics, from prime numbers to infinity, in some depth
but still readable.

Singh, Simon. *Fermat's Last Theorem*. London: Fourth Estate, 1997.

The remarkable story of how a mathematical puzzle posed in the seventeenth century dominated the life of a twentieth-century mathematician.

Stewart, Ian. *The Great Mathematical Problems*. London: Profile Books, 2013.

A collection of some of the greatest challenges to face mathematicians through history.

Stewart, Ian. *Professor Stewart's Cabinet of Mathematical Curiosities*. London: Profile Books, 2010.

The best of mathematician Stewart's compendia of puzzles, odd mathematical facts, and more.

Stewart, Ian. *Significant Figures*. London: Profile Books, 2017.

The lives of many great mathematicians.

Stipp, David. *A Most Elegant Equation*. New York: Basic Books, 2018.

Introduces Euler's remarkable equation eiπ + 1 = 0 and explains why each of its main components is so important.

Watson, Ian. *The Universal Machine*. New York: Copernicus Books, 2012.

Pulls together the whole history of computing in an approachable form.

网站

MacTutor History of Mathematics

Old-fashioned style but a huge number of biographies and history of mathematics topics

www-history.mcs.st-and.ac.uk

Mathigon

Well-designed, engaging tutorials in mathematics

mathigon.org

The Prime Pages

Everything and anything on prime numbers

primes.utm.edu

Quanta Magazine: Mathematics

Wide-ranging articles on the latest developments in mathematics

quantamagazine.org/tag/mathematics/

The Top 10 Martin Gardner Scientific American Articles

Great math writing from the king of recreational mathematics

blogs.scientificamerican.com/guest-blog/the-top-10-martin-gardner-scientific-american-articles/

Wolfram MathWorld

Wide-ranging mathematical resources from the leading mathematical software company

mathworld.wolfram.com

索引

作者简介

布里安·克莱格

布里安·克莱格，剑桥大学自然科学硕士、兰卡斯特大学运筹学硕士，曾在英国航空公司工作17年，之后成立了自己的创意培训公司。目前是一名全职科普作家，发表了《愤怒的简史》《量子时代》等30多篇论文，并为《华尔街日报》和《BBC聚焦》杂志撰稿。

皮特·莫里斯博士

皮特·莫里斯博士，曾就职于微软公司从事开发工作，英国牛津大学讲师、研究员，曾就读于基布尔学院、沃尔森学院。从事计算语言学（人工智能）、软件工程、统计学以及实验心理学等领域研究工作。

致谢

布里安：感谢吉莉恩、丽贝卡和切尔茜。
皮特：感谢哈丽雅特，还有我的侄子本。

感谢汤姆·凯奇和安吉拉·库发起并协助实现这项有趣的挑战。特别致谢马丁·加德纳提供的数学谜题，用来展现数学亦可妙趣横生。

图片使用说明

出版商对以下人员提供相关素材的使用权表示感谢：

Alamy: photographer unknown 19 (right); Granger, NYC 121 (left)

LANL: 119 (top left), 121 (right). Unless otherwise indicated, this information has been authored by an employee or employees of the Los Alamos National Security, LLC (LANS), operator of the Los Alamos National Laboratory under Contract No. DE-AC52-06NA25396 with the U.S. Department of Energy. The U.S. Government has rights
to use, reproduce, and distribute this information. The public may copy and use this information without charge, provided that this Notice and any statement of authorship are reproduced on all copies. Neither the Government nor LANS makes any warranty, express or implied, or assumes any liability or responsibility for the use of this information.

Shutterstock: Ron Dale 16 (top left); Tupungato 16 (top right), 18 (left); Peter Hermes Furian 16 (bottom right); Prachaya Roekdeethaweesab 19 (left); Georgios Kollidas 50 (bottom right); Nicku 51 (bottom left); Zita 51 (bottom right); Chiakto 84 (bottom left), 86 (left); Nicku 84 (bottom right), 86 (right); Rozilynn Mitchell 118 (top right); Bobb Klissourski 119 (bottom left)

Wellcome Collection (both CC BY 4.0): 17 (top right), 18 (right)

Wikimedia: Mark A. Wilson (Wilson44691, Department of Geology, the College of Wooster) (CC BY-SA 4.0) 52 (left)

我们已尽最大努力联系相关内容的版权所有者，并征得他们的使用许可。以上列表如有谬误和遗漏之处，出版商在此表示歉意。感谢读者提出宝贵意见，我们再版时将予以修正。